EPOXY ASPHALT

AND ITS APPLICATION IN AIRPORT PAVEMENT ENGINEERING

环氧沥青及其在机场道面工程的应用

黄卫 著

人民交通出版社股份有限公司

北 京

内 容 提 要

本书介绍了机场道面评价与设计方法，系统阐述了环氧沥青的应用背景与发展状况，从多个维度介绍和分析了环氧体系、环氧沥青与环氧沥青混合料的性能特征及其影响因素，内容涵盖了机场环氧沥青道面的“材料、结构、设计、施工、运维”。针对机场道面应用，基于环氧沥青及其混合料的性能特征提出了适用于我国环氧沥青机场道面的建设方案，明确了环氧沥青在机场道面工程应用中的若干关键技术问题。

本书可供道路、机场等领域的工程设计、施工和科研人员及相关专业研究生参考使用。

图书在版编目(CIP)数据

环氧沥青及其在机场道面工程的应用 / 黄卫著. —
北京 : 人民交通出版社股份有限公司, 2023.2
ISBN 978-7-114-18627-1

Ⅰ.①环… Ⅱ.①黄… Ⅲ.①沥青—环氧复合材料—应用—飞机跑道—路面施工 Ⅳ.①V351.11

中国国家版本馆 CIP 数据核字(2023)第 020675 号

HUANYANG LIQING JI QI ZAI JICHANG DAOMIAN GONGCHENG DE YINGYONG

书　　名： 环氧沥青及其在机场道面工程的应用
著 作 者： 黄　卫
责任编辑： 丁　遥
责任校对： 赵媛媛　魏佳宁
责任印制： 刘高彤
出版发行： 人民交通出版社股份有限公司
地　　址： (100011)北京市朝阳区安定门外外馆斜街 3 号
网　　址： http://www.ccpcl.com.cn
销售电话： (010)85285857
总 经 销： 人民交通出版社股份有限公司发行部
经　　销： 各地新华书店
印　　刷： 北京市密东印刷有限公司
开　　本： 787 × 1092　1/16
印　　张： 14.25
字　　数： 232 千
版　　次： 2023 年 2 月　第 1 版
印　　次： 2024 年 10 月　第 2 次印刷
书　　号： ISBN 978-7-114-18627-1
定　　价： 90.00 元

前言
Foreword

自20世纪90年代以来,作者和东南大学科研团队专注于开发新型环氧沥青材料及其应用技术研究已有二十多年。我们以南京长江第二大桥钢桥面铺装作为首个重大工程应用研究对象,对环氧沥青及其混合料的性能和钢桥面铺装技术做了深入的系统研究。2000年,东南大学科研团队和南京长江第二大桥建设指挥部合作,第一次在我国成功地将环氧沥青混合料应用于钢桥面铺装,解决了此前我国大跨径桥梁钢桥面铺装通车不久即发生大面积破坏的重大难题。

南京长江第二大桥钢桥面铺装是我国环氧沥青应用最有影响的标志性工程。2002年《科学通报》发表了黄卫等撰写的论文《大跨径钢桥面环氧沥青混凝土铺装研究》,由此,环氧沥青及其应用技术受到我国学术界和工程界的广泛关注,大量科研和工程技术人员对环氧沥青与环氧沥青混合料及其应用技术进行了广泛的研究。据万方数据库查询,2000年以前与环氧沥青相关的学位论文只能查询到一篇,是研究环氧沥青低温性能的硕士论文。2000年,东南大学陆庆的《环氧沥青混合料钢桥面铺装结构和试验研究》和李瑞敏的《钢桥面铺装用环氧沥青混合料特性研究》是国内早期研究环氧沥青钢桥面铺装的硕士论文。2000—2023年,以"环氧沥青"为主题(模糊)可以搜索到的研究生论文共计627篇,其中硕士论文572篇,博士论文55篇。共涉及

20 所大学，数量较多的前三名为东南大学 135 篇（其中硕士论文 117 篇，博士论文 18 篇），重庆交通大学 88 篇，长安大学 86 篇。学术期刊方面，2000—2023 年，以“环氧沥青”为主题（精确）搜索到期刊论文 1367 篇，以“环氧沥青”为主题（模糊）搜索到期刊论文 2282 篇。2000 年以前涉及环氧沥青混合料的论文只有 6 篇，作者均为吕伟民及其合作者。截至 2023 年 12 月，以“epoxy asphalt”或“epoxy bitumen”为标题检索到 Web of Science 收录论文 367 篇。2003 年以前，我国学者没有关于环氧沥青的 SCI（科学引文索引）学术论文，国际上仅有的 5 篇论文分别由美国与日本学者发表。2003 年，东南大学黄卫院士科研团队发表了我国学者的第一篇关于环氧沥青的 SCI 论文。2009 年开始，环氧沥青 SCI 论文数量逐步增加，我国学者共发表 SCI 论文 318 篇，占全部 SCI 论文的 79.5%（其中东南大学发表了 98 篇，钱振东博士以 41 篇位列第一，钱振东、黄卫、罗桑三人的论文占 22.1%）；美国学者发表 44 篇，占 11.6%；荷兰学者发表 17 篇，占 4.3%。总体而言，我国学者主导了近二十年来环氧沥青材料的研发及其在工程领域应用技术的研究。2000 年以前我国没有环氧沥青相关的专利。我国第一件环氧沥青的专利是黄卫等研究人员于 2003 年申报的“高速公路及道桥用环氧沥青材料及其制备方法”。以“环氧沥青”为主题精确搜索，截至 2023 年，我国环氧沥青相关专利为 828 件，其中发明专利 485 件，实用新型专利 308 件，东南大学以 51 件专利位列第一名，中国石油化工股份有限公司以 27 件专利位列第二名。总之，2000 年以来，环氧沥青及其应用逐渐形成了一个新的重要研究领域。随着研究的深入，研究的范围也逐步从大跨径桥梁钢桥面铺装拓展到机场道面、水泥混凝土桥面铺装、高速公路路面、隧道路面、高速铁路工程等领域。环氧沥青在我国许多工程中得到了广泛的应用。

我国是近二十年来对环氧沥青研究最为广泛和最为深入的国家。我国科技人员关于环氧沥青的研究工作主要涉及以下四个方面：一是环氧沥青及其混合料的性能；二是环氧沥青及其混合料的工程应用技术；三是国产新型环氧沥青产品的开发；四是环氧沥青混合料路面（道面）运营维护技术。我国最早关于环氧沥青及其应用的研究是围绕大跨径桥梁钢桥面铺装展开的。东南大学闵召辉是我国第一位以环氧沥青配制原理与技术为博士论文选题的博士。东南大学科研团队已经成功实现了国产环氧沥青的系列化和工业化生产，并在我国许多重要工程中推广应用。目前，我国已经可以生产多种性能的环氧沥青产品，满足我国工程应用需求的国产环氧沥青产业也正在形成中。

东南大学科研团队一直致力于机场道面环氧沥青材料开发和应用技术研究。2019 年中国民用航空局发布了东南大学主编的《机场环氧沥青道面设计与施工技术规范》（MH/T 5041—2019）。该规范规定了环氧沥青道面设计、施工与质量控制的方法和标准，主要内容包括结构层组合设计与计算、环氧沥青混合料设计、环氧沥青加铺层设计、环氧沥青道面施工、环氧沥青黏结层、环氧沥青道面不停航施工、道面质量检查等，为环氧沥青在机场道面中的应用提供了依据和技术指导。为了更好地推广环氧沥青在机场道面中的应用，本书系统总结了美国 ChemCo、日本 KD 和中国 SE/HPEP 三种典型环氧沥青的基本性能，全面介绍了环氧沥青混合料的强度特性、高温稳定性、抗疲劳性能、耐油腐蚀性能、水稳定性、抗滑性能、低温性能、温度收缩性能以及环氧沥青黏结料的黏结强度等大量试验研究成果。基于大量文献的研究成果，同时结合作者研究和工程实践经验对相关内容进行了总结，给出了明确的学术观点和应用技术要求，澄清了一些模糊甚至错误的认识，这些内容对于环氧沥青的研究和各类工程的应用都具有参考意义。书中还首次较详细地阐述了机场道面环氧沥青的环氧体系含量、环氧沥青混合料组成设计、道面结构组合设计以及环氧沥青典型道面结构等内容。

本书第 1 章介绍机场沥青道面的形式；第 2 章介绍沥青道面状况的评价；第 3 章简要介绍国外机场道面的设计方法；第 4 章简要介绍我国机场沥青道面设计方法；第 5 章是机场沥青道面关键技术分析，明确绿色低碳耐久的机场道面设计目标,提出应通过研究和工程实践,建立机场道面“新材料-新结构-新设计理论与方法-新施工工艺-智能运营维护”的成套关键技术;第6章介绍环氧沥青在机场道面的应用与研究;第7章结合中国的应用实践,介绍美国ChemCo环氧沥青的基本性能和应用;第8章结合中国的应用实践,介绍日本KD环氧沥青的基本性能与应用;第9章介绍中国新型环氧沥青产品及其基本性能;第10~17章分别介绍环氧沥青混合料的强度特性、高温稳定性、抗疲劳性能、耐油腐蚀性能、水稳定性、抗滑性能、低温性能和温度收缩性能;第18章介绍环氧沥青黏结料的黏结性能;第19章介绍环氧沥青黏度体系与施工控制;第20章介绍环氧沥青中环氧体系含量对性能的影响;第21章介绍机场道面力学响应分析;第22章介绍机场道面环氧沥青混合料设计;第23章介绍环氧沥青道面结构组合设计原则与典型结构。

随着高分子化学工业的快速发展和工程应用领域的拓展,环氧沥青及其应用技术正在快速发展之中,环氧沥青的品种也日益丰富。限于作者的水平,书中可能还存在诸多不足之处,敬请读者批评指正。

在本书的写作过程中,作者阅读了大量有关环氧沥青及其应用的文献,得到了有益的启发,书中也介绍了一些文献的研究成果。东南大学科研团队钱振东博士、闵召辉博士、张磊博士、罗桑博士、胡靖博士对书稿提出了很多好的修改建议,提供了一些有价值的研究资料。胡靖博士协助对书稿的图表和文字进行了整理。在此一并表示衷心的感谢。

黄衛

2024年7月12日

目 录
Contents

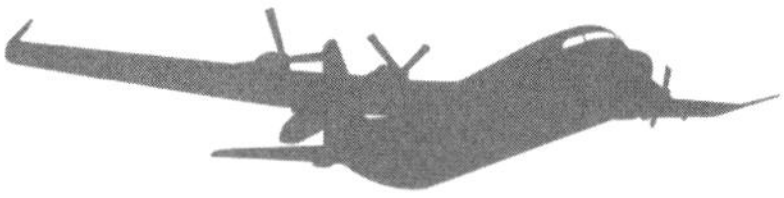

CHAPTER 1

第1章

机场沥青道面的形式

1.1 我国机场道面情况

沥青混合料道面(简称"沥青道面")和水泥混凝土道面(简称"水泥道面")是机场跑道的两种典型道面,其中沥青道面是国外使用最多的类型。与水泥混凝土道面相比,沥青混合料道面具有平整、抗滑、舒适、减振等良好的使用性能,以及施工工期短、养护维修方便、便于不停航维修施工等优点,是国际上大多数大型民用机场主要采用的道面形式。根据统计资料,欧美国家的机场道面中,沥青混合料道面占60%以上。

我国民用机场道面类型单一。据文献[1]介绍,我国民用机场的新建道面形式基本上都是水泥混凝土道面。2000年前,在新建机场中,仅香港国际机场、澳门国际机场、西宁曹家堡机场(现西宁曹家堡国际机场)、敦煌机场(现敦煌莫高国际机场)和且末机场(现且末玉都机场)等采用了沥青混合料道面。

2000年我国境内运输机场(不含香港、澳门和台湾地区)共有145个,2010年和2020年分别增加到175个和252个,2022年达到254个,预计2025年达到270个。2020年,252个运输机场中,205个机场跑道为水泥混凝土道面,35个机场跑道为沥青混合料道面,12个机场既有水泥混凝土道面跑道又有沥青混合料道面跑道,运输机场机坪总面积约7969.7万m^2。252个运输机场共有跑道283条。其中,水泥混凝土道面跑道234条,沥青混合料道面跑道49条(其中40条为后期加铺)。道面具体情况见表1-1。

2020年我国境内运输机场(不含香港、澳门和台湾地区)道面具体情况

表1-1

序号	机场名称	机坪面积(m^2)	水泥混凝土道面跑道条数	沥青混合料道面跑道	
				条数	是否加铺
1	长春龙嘉国际机场	402849.5	1	0	否
2	延吉朝阳川国际机场	34200	1	0	否
3	白山长白山机场	95120	1	0	否
4	通化三源浦机场	29250	1	0	否
5	白城长安机场	26841	1	0	否
6	松原查干湖机场	50694.75	1	0	否
7	哈尔滨太平国际机场	1117200	0	1	是

续上表

序号	机 场 名 称	机坪面积（m^2）	水泥混凝土道面跑道条数	沥青混合料道面跑道	
				条数	是否加铺
8	齐齐哈尔三家子机场	10251	1	0	否
9	牡丹江海浪国际机场	39000	0	1	是
10	黑河瑷珲机场	18342	1	0	否
11	大庆萨尔图机场	48702	1	0	否
12	五大连池德都机场	32059	1	0	否
13	大兴安岭鄂伦春机场	8000	1	0	否
14	佳木斯东郊国际机场	43645	1	0	否
15	伊春林都机场	52800	1	0	否
16	鸡西兴凯湖机场	51133	1	0	否
17	抚远东极机场	32670	1	0	否
18	建三江湿地机场	30000	1	0	否
19	大连周水子国际机场	625000	0	1	是
20	营口兰旗机场	42600	1	0	否
21	长海大长山岛机场	3400	1	0	否
22	沈阳桃仙国际机场	1080000	0	1	是
23	丹东浪头机场	46398	1	0	否
24	锦州锦州湾机场	28340	1	0	否
25	朝阳机场	9900	1	0	否
26	鞍山腾鳌机场	15048	1	0	否
27	哈密伊州机场	43200	1	0	否
28	乌鲁木齐地窝堡国际机场	1020900	0	1	是
29	伊宁机场	67536	0	1	是
30	新源那拉提机场	21100	1	0	否
31	昭苏天马机场	36996.7	1	0	否
32	库车龟兹机场	98900	1	0	否
33	和田机场	43475	1	0	否
34	布尔津喀纳斯机场	18700	1	0	否
35	且末玉都机场	23895	1	0	否

续上表

序号	机场名称	机坪面积(m^2)	水泥混凝土道面跑道条数	沥青混合料道面跑道	
				条数	是否加铺
36	若羌楼兰机场	32201.25	1	0	否
37	于田万方机场	46053	1	0	否
38	阿勒泰雪都机场	56032.55	1	0	否
39	博乐阿拉山口机场	50183	1	0	否
40	富蕴可可托海机场	29083.5	1	0	否
41	塔城千泉机场	43418.25	0	1	是
42	喀什国际机场	257000	1	0	否
43	莎车叶尔羌机场	32602.5	1	0	否
44	塔什库尔干机场	28186.5	1	0	否
45	克拉玛依古海机场	138230	0	1	是
46	阿拉尔机场	48285.5	1	0	否
47	吐鲁番交河机场	184800	1	0	否
48	阿克苏红旗坡机场	110410	0	1	是
49	图木舒克唐王城机场	24570	1	0	否
50	石河子花园机场	50935.5	1	0	否
51	兰州中川国际机场	450871	1	0	否
52	敦煌莫高国际机场	177095.25	0	1	是
53	嘉峪关机场	54892	0	1	是
54	庆阳西峰机场	25365	0	1	否
55	金昌金川机场	25632	1	0	否
56	张掖甘州机场	17280	1	0	否
57	陇南成县机场	43360	1	0	否
58	中卫沙坡头机场	31200	1	0	否
59	榆林榆阳机场	253200	1	0	否
60	天水麦积山机场	9300	1	0	否
61	银川河东国际机场	400000	1	0	否
62	西安咸阳国际机场	1948500	1	1	是
63	西宁曹家堡国际机场	350000	0	1	否
64	海西德令哈机场	28073	1	0	否

续上表

序号	机 场 名 称	机坪面积（m^2）	水泥混凝土道面跑道条数	沥青混合料道面跑道	
				条数	是否加铺
65	玉树巴塘机场	29700	1	0	否
66	果洛玛沁机场	26250	1	0	否
67	海北祁连机场	33844.5	1	0	否
68	海西花土沟机场	22812.5	1	0	否
69	格尔木机场	54450	1	0	否
70	安康富强机场	37947	1	0	否
71	延安二十里铺机场	31172.5	1	0	否
72	甘南夏河机场	21500	1	0	否
73	汉中城固机场	26640	1	0	否
74	固原六盘山机场	71064	1	0	否
75	澜沧景迈机场	26565	1	0	否
76	昆明长水国际机场	2433000	0	2	否
77	沧源佤山机场	31850	1	0	否
78	普洱思茅机场	30800	1	0	否
79	西双版纳嘎洒国际机场	120786	0	1	是
80	大理凤仪机场	126000	0	1	是
81	文山砚山机场	14800	1	0	否
82	昭通昭阳机场	12664	0	1	是
83	临沧博尚机场	27615	1	0	否
84	保山云瑞机场	85319	0	1	是
85	德宏芒市机场	141721	0	1	是
86	腾冲驼峰机场	61640	1	0	否
87	迪庆香格里拉机场	68262	0	1	是
88	丽江三义国际机场	177518	1	0	否
89	宁蒗泸沽湖机场	23100	1	0	否
90	拉萨贡嘎国际机场	250000	0	1	是
91	日喀则和平机场	18500	1	0	否

续上表

序号	机场名称	机坪面积（m^2）	水泥混凝土道面跑道条数	沥青混合料道面跑道	
				条数	是否加铺
92	阿里昆莎机场	51000	1	0	否
93	昌都邦达机场	27000	1	0	否
94	林芝米林机场	99200	1	0	否
95	重庆江北国际机场	1420000	2	1	是
96	万州五桥机场	71915	1	0	否
97	黔江武陵山机场	27200	1	0	否
98	重庆巫山机场	32500	1	0	否
99	重庆仙女山机场	50000	1	0	否
100	贵阳龙洞堡国际机场	824365	2	0	否
101	黎平机场	12000	1	0	否
102	黔南荔波机场	8000	1	0	否
103	凯里黄平机场	17250	1	0	否
104	铜仁凤凰机场	55341	0	1	是
105	遵义新舟机场	64728	1	0	否
106	遵义茅台机场	58873.5	1	0	否
107	毕节飞雄机场	30942	1	0	否
108	安顺黄果树机场	29190	0	1	否
109	兴义万峰林机场	91740	0	1	是
110	六盘水月照机场	45616.5	1	0	否
111	达州金垭机场	105248	1	0	否
112	甘孜格萨尔机场	24818.75	1	0	否
113	广元盘龙机场	28800	1	0	否
114	甘孜康定机场	20700	1	0	否
115	泸州云龙机场	100000	1	0	否
116	绵阳南郊机场	111000	1	0	否
117	南充高坪机场	50600	1	0	否
118	西昌青山机场	93531	0	1	是

续上表

序号	机 场 名 称	机坪面积（m^2）	水泥混凝土道面跑道条数	沥青混合料道面跑道	
				条数	是否加铺
119	宜宾五粮液机场	62511	1	0	否
120	阿坝红原机场	19550	1	0	否
121	攀枝花保安营机场	40315	1	0	否
122	稻城亚丁机场	31460	1	0	否
123	成都天府国际机场	3659670	3	0	否
124	巴中恩阳机场	45600	1	0	否
125	成都双流国际机场	1900000	1	1	是
126	九寨黄龙机场	63840	1	0	否
127	上海虹桥国际机场	1320000	1	1	是
128	上海浦东国际机场	4400469	4	0	否
129	南京禄口国际机场	1553000	1	1	是
130	常州奔牛国际机场	160000	1	0	否
131	淮安涟水国际机场	119902	1	0	否
132	南通兴东国际机场	241075	1	0	否
133	苏南硕放国际机场	256500	0	1	是
134	徐州观音国际机场	132289.5	1	0	否
135	盐城南洋国际机场	110000	1	0	否
136	扬州泰州国际机场	121227.75	1	0	否
137	连云港花果山机场	132720	1	0	否
138	杭州萧山国际机场	780000	2	0	否
139	宁波栎社国际机场	488000	1	0	否
140	温州龙湾国际机场	548000	1	0	否
141	衢州机场	24000	1	0	否
142	台州路桥机场	37275	1	0	否
143	义乌机场	58000	1	1	是
144	舟山普陀山机场	68000	1	0	否
145	合肥新桥国际机场	630000	1	0	否
146	黄山屯溪国际机场	48800	1	1	否
147	安庆天柱山机场	30743	1	0	否

续上表

序号	机场名称	机坪面积（m^2）	水泥混凝土道面跑道条数	沥青混合料道面跑道	
				条数	是否加铺
148	池州九华山机场	97440	1	0	否
149	阜阳西关机场	73578	1	0	否
150	芜湖宣州机场	91461	1	0	否
151	福州长乐国际机场	758554.94	1	0	否
152	厦门高崎国际机场	800000	0	1	是
153	连城冠豸山机场	16000	1	0	否
154	泉州晋江国际机场	122320	1	0	否
155	三明沙县机场	67244	1	0	否
156	武夷山机场	46600	1	0	否
157	南昌昌北国际机场	500000	1	0	否
158	赣州黄金机场	154640	1	0	否
159	景德镇罗家机场	17910	1	0	否
160	吉安井冈山机场	38307.5	1	0	否
161	上饶三清山机场	39195	1	0	否
162	宜春明月山机场	59225	1	0	否
163	九江庐山机场	20000	1	0	否
164	济南遥墙国际机场	739100	1	0	否
165	青岛胶东国际机场	1900000	2	0	否
166	威海大水泊国际机场	144000	1	0	否
167	烟台蓬莱国际机场	525000	1	0	否
168	东营胜利机场	55200	1	0	否
169	济宁曲阜机场	30000	1	0	否
170	临沂启阳机场	167000	1	0	否
171	日照山字河机场	51300	1	0	否
172	潍坊南苑机场	33280	1	0	否
173	菏泽牡丹机场	58459.5	1	0	否
174	郑州新郑国际机场	1230000	1	1	是
175	洛阳北郊机场	55965.5	1	0	否
176	南阳姜营机场	84180	1	0	否
177	信阳明港机场	33800	1	0	否
178	武汉天河国际机场	885504.4	1	1	是

续上表

序号	机 场 名 称	机坪面积（m^2）	水泥混凝土道面跑道条数	沥青混合料道面跑道	
				条数	是否加铺
179	鄂州花湖机场	1603574	2	0	否
180	宜昌三峡机场	136520	1	0	否
181	襄阳刘集机场	82945.5	0	1	是
182	十堰武当山机场	61136	1	0	否
183	恩施许家坪机场	28000	1	0	否
184	荆州机场	28000	1	0	否
185	神农架红坪机场	11050	1	0	否
186	衡阳南岳机场	67840	1	0	否
187	郴州北湖机场	43750	1	0	否
188	邵阳武冈机场	27348	1	0	否
189	常德桃花源机场	90988	1	0	否
190	岳阳三荷机场	57946	1	0	否
191	长沙黄花国际机场	780000	1	1	是
192	怀化芷江机场	26780	1	0	否
193	张家界荷花国际机场	170000	1	0	否
194	永州零陵机场	40818	1	0	否
195	南宁吴圩国际机场	850000	1	0	否
196	北海福成机场	165800	1	0	否
197	柳州白莲机场	86048	1	0	否
198	梧州西江机场	53060	1	0	否
199	玉林福绵机场	30472	1	0	否
200	百色巴马机场	10000	1	0	否
201	河池金城江机场	14400	1	0	否
202	海口美兰国际机场	128600	1	0	否
203	琼海博鳌机场	216914.5	1	0	否
204	三沙永兴机场	20900	1	0	否
205	广州白云国际机场	900000	3	0	否
206	珠海金湾机场	455942	1	0	否
207	揭阳潮汕国际机场	457000	0	1	否
208	湛江吴川机场	365435.5	1	0	否
209	惠州平潭机场	50000	1	0	否

续上表

序号	机场名称	机坪面积（m^2）	水泥混凝土道面跑道条数	沥青混合料道面跑道	
				条数	是否加铺
210	梅州梅县机场	22680	0	1	是
211	佛山沙堤机场	20000	1	0	否
212	韶关丹霞机场	38046	1	0	否
213	深圳宝安国际机场	3250000	2	0	否
214	桂林两江国际机场	573510	1	0	否
215	三亚凤凰国际机场	897800	1	0	否
216	阿尔山伊尔施机场	21700	1	0	否
217	巴彦淖尔天吉泰机场	28595	1	0	否
218	包头东河机场	90680	0	1	是
219	承德普宁机场	20745	1	0	否
220	赤峰玉龙机场	38870	1	0	否
221	阿拉善左旗巴彦浩特机场	15120	1	0	否
222	阿拉善右旗巴丹吉林机场	10815	1	0	否
223	阿拉善额济纳旗桃来机场	10815	1	0	否
224	大同云冈机场	63665	1	0	否
225	鄂尔多斯伊金霍洛国际机场	207284	0	1	是
226	二连浩特赛乌素机场	40337	1	0	否
227	邯郸机场	85000	0	1	是
228	呼和浩特白塔国际机场	550000	1	0	否
229	呼伦贝尔海拉尔机场	133334	1	0	否
230	霍林郭勒霍林河机场	16100	1	0	否
231	临汾尧都机场	60840	1	0	否
232	吕梁大武机场	33693.75	0	1	否
233	满洲里西郊国际机场	54080	1	0	否
234	秦皇岛北戴河机场	53444	1	0	否
235	北京首都国际机场	16390000	1	2	是
236	唐山三女河机场	32016	1	0	否
237	通辽机场	67833	0	1	是
238	乌兰察布集宁机场	73000	1	0	否

续上表

序号	机场名称	机坪面积（m^2）	水泥混凝土道面跑道条数	沥青混合料道面跑道	
				条数	是否加铺
239	乌兰浩特义勒力特机场	40552	1	0	否
240	忻州五台山机场	25600	1	0	否
241	锡林浩特机场	39202	1	0	否
242	运城张孝机场	130000	1	0	否
243	张家口宁远机场	98165	1	0	否
244	长治王村机场	41150	1	0	否
245	北京大兴国际机场	2690000	4	0	否
246	天津滨海国际机场	1390000	1	1	是
247	乌海机场	54573	1	0	否
248	石家庄正定国际机场	830000	1	0	否
249	扎兰屯成吉思汗机场	27300	1	0	否
250	太原武宿国际机场	430000	1	0	否
251	库尔勒梨城机场	86580	1	0	否
252	漠河古莲机场	22100	1	0	否
合计		7969.7万	234	49	—

1.2 我国机场沥青道面的结构形式

我国部分机场采用的沥青道面结构形式的简要情况见表1-2。总体而言,我国机场道面采用沥青混合料的很少,内地采用沥青道面的机场以小型机场为主[1-2]。

我国部分机场采用的沥青道面结构形式　　表1-2

机场名称	跑道概况	道面结构	说明
澳门国际机场	跑道全长3360m,宽度为45m,两侧道肩各7.5m,总宽60m。滑行道全长1661.88m,直线部分道面宽23m,两侧道肩各10.5m,总宽44m。联络道共5条,其中,1号、2号联络道分别长70m、65m,宽度均为39m,两侧道肩各10.5m,总宽60m;3号、4号和5号联络道长120.5m,宽度为25~52m,两侧道肩各7.5~10.5m	面层:42cm沥青混合料;上基层:25cm水泥稳定碎石;底基层:20cm级配碎石	

续上表

机场名称	跑道概况	道面结构	说明
香港国际机场	南、北两条跑道，跑道长均为3800m，宽60m	面层：13cm 沥青混合料；基层：40cm 轧碎集料；底基层：45cm 轧碎集料	
昆明长水国际机场	一期修建东、西两条平行跑道：东跑道长4500m，宽60m；西跑道长4000m，宽45m	上面层：5cm SMA-13；中面层：6.5cm AC-20 Ⅰ；下面层：6.5cm AC-20 Ⅱ；基层：ATB-25；底基层Ⅰ：20cm 水泥稳定碎石；底基层Ⅱ：20cm 水泥稳定碎石	
敦煌机场（现敦煌莫高国际机场）	原跑道长1800m，宽30m，1987年扩建，跑道加长400m	面层：4cm 沥青混合料（1987年加铺）+4cm 沥青碎石；基层：7cm 沥青碎石贯入；底基层：30cm 8%石灰碎石	1982年建成，1985年进行道面裂缝修理，1987年扩建。延长段跑道结构：4cm 沥青混合料，7cm 沥青碎石贯入，30cm 水泥稳定层
西宁曹家堡机场（现西宁曹家堡国际机场）	跑道长3000m，宽45m，两侧道肩各7.5m。飞行区等级指标为4D	上面层：4cm 中粒式沥青混合料；中面层：6cm 粗粒式沥青混合料；下面层：8cm 沥青碎石；上基层：36cm 三灰碎石；底基层：36cm 级配砂砾	1991年建成，2000年大修
且末机场（现且末玉都机场）	跑道长1700m，宽度为33m，联络滑行道1条，50m×50m 停机坪1个	上面层：4cm AC-16 Ⅰ；下面层：4cm AC-20 Ⅰ；上基层：15cm 水泥稳定砂砾土；垫层：70cm 天然级配砂砾石	2000年建成
揭阳潮汕国际机场	跑道长3200m（2019年扩建，跑道延长400m），道面宽60m。飞行区等级指标为4E	上面层：5cm 改性 SMA-16；中面层：6cm 改性 AC-20；下面层：8cm AC-25；基层：20cm 水泥稳定碎石；底基层：20cm 水泥稳定碎石；垫层：20cm 级配碎石	跑道中部及部分快滑段的沥青混合料道面的上、下基层各减薄为18cm

注：SMA-沥青玛蹄脂碎石混合料；AC-密级配沥青混凝土混合料；ATB-沥青稳定碎石混合料。

在旧水泥混凝土道面上加铺沥青混合料道面是我国机场道面的一种常见形式。上海虹桥国际机场1963年建成时采用的是水泥混凝土道面，1991年进行大修，为提升道面功能，在水泥混凝土道面上加铺了7cm中粒式沥青混合料；1998年对跑道中线30m范围内表面破坏层进行铣刨后，加铺了沥青混合料道面（厚度为4.5～9cm）；2005年又铣刨了表面的破坏层，再次对全部跑道整体加铺了5cm的沥青混合料。历次加铺和铣刨后，形成了水泥混凝土上加铺25cm沥青混合料的道面结构。

1958年建成的北京首都国际机场中跑道长度为2500m、宽80m，水泥混凝土道面中部与两端部的厚度分别为25cm和28cm，基础为20cm厚的砂卵石材料。20世纪60年代中期，机场进行首次跑道延伸，延伸了700m，延长区域的道面厚度为30cm，基层为30cm灰土材料。70年代中期，为了满足B-747等大型飞机的起降要求，对中跑道进行了水泥混凝土道面加铺。1996年，为减少大修工程对正常运营的影响、合理缩短大修工程周期，采用沥青混合料对水泥混凝土道面进行加铺，加铺层总厚度为21cm，其中上面层为6cm改性SMA-16，中面层为7cm改性AC-20，下面层为8cm AC-20。2011年，中国民航机场建设集团公司等单位对机场道面进行综合检测及评价，中央跑道道面损坏的主要形式是裂缝与轮辙，损坏的主要位置集中在跑道南北两端。

1983年建成的厦门高崎国际机场水泥混凝土道面于1994年进行改扩建，在原有2700m的水泥混凝土道面上加铺了沥青混合料道面，并采用沥青混合料道面结构将跑道延长了700m。机场飞行区等级由原来的4D提升为4E。道面加铺结构为上面层6cm中粒式沥青混合料，中面层6cm中粒式沥青混合料，下面层8cm中粒式沥青混合料。此外，广东白云国际机场等机场也在水泥混凝土道面上通过加铺沥青混合料道面进行了大修，旨在恢复道面功能。与沥青混合料道面相比，水泥混凝土道面具有较高的强度、水稳定性、温度稳定性、抗航空油侵蚀性，同时，其耐疲劳性也优于沥青混合料道面，使用寿命可达20～30年。然而，水泥混凝土强度形成需要一定的养生期，因此道面维修对正常通航影响较大，且其舒适性不及沥青混合料道面。

近年来，我国新建机场开始重视选用沥青混合料道面，科研人员也重视开发使用新型道面材料和结构。钱振东等为增强机场沥青道面的抗轮辙性能，提出了一种基于新型环氧沥青混合料的高性能机场道面结构[2]。将密级配环氧沥青混合料EAC-20作为道面的中面层，SMA-13作为道面的上面层，AC-20作为道面的下面层，构成SEA（SMA＋EAC＋AC）机场道面结构。分析表明，SEA机场道面结构可以减小机场道面结构的应变,沥青面层底部最大拉应变和最大压应变分别约为传统机场沥青道面结构的68%和72%。在1×10^5次荷载作用下,SEA机场道面结构的永久变形为6mm,约为传统SAA(SMA+AC+AC)结构的42.9%。马辉为了提高机场道面的抗裂性能和使用寿命,提出采用高延性水泥基复合材料(ECC)作为机场道面的加铺层材料[3]。在整个设计周期内,ECC加铺层的一次能源消耗分别为水泥混凝土加铺层和普通热拌沥青混合料加铺层的67%和13%,碳排放分别为水泥混凝土加铺层和普通热拌沥青混合料加铺层的42%和66%。孙磊研究了在不停航施工条件下环氧沥青混合料的初始强度与固化强度的技术要求[4]。为了保障机场道面环氧沥青混合料铺装层能尽快达到通航需求,引入骨架密实度作为评价混合料骨架结构的指标,建立了环氧沥青混合料路用性能与骨架密实度之间的关系。分析表明,环氧沥青混合料骨架结构的密实程度越高,其综合路用性能越好。凌建明等研究发现:与环氧沥青混合料比较,SMA用作上面层时,应变峰值出现位置上移,且应变值增大20%以上[5]。由于环氧沥青混合料可以更好地防止道面产生轮辙和裂缝,环氧沥青混合料用作道面层时模量大、AC用作中下面层时模量相对较小,这类道面结构组合在荷载反复作用下,中面层和下面层易发生塑性变形的累积,从而造成环氧沥青面层底部产生弯拉疲劳开裂。因此,建议将环氧沥青层底的弯拉疲劳开裂和中、下面层的塑性变形纳入设计指标。刘鹏程等对机场环氧沥青混合料加铺复合道面荷载应力进行分析,计算了各结构参数对荷载应力的影响,提出了环氧沥青混合料加铺复合道面设计的相关建议[6]。张健结合机场道面工程特点,分析了环氧沥青混合料在机场道面工程中的适用工况,提出了推广环氧沥青道面的建议[7]。

参考文献

[1] 蒋作舟.中国民用机场集锦[M].北京:清华大学出版社,2002.

[2] 钱振东,孟凡奇,曾靖.高性能沥青混凝土机场道面结构[J].东南大学学报(自然科学版),2015(3):575-580.

[3] 马辉.ECC机场道面加铺层的材料及结构研究[D].南京:东南大学,2017.

[4] 孙磊.不停航施工条件下机场道面环氧沥青混合料的性能研究[D].南京:东南大学,2019.

[5] 凌建明,朱立国.高胎压下机场环氧沥青道面结构动力响应分析[J].同济大学学报(自然

科学版),2016,44(10):1538-1544.
[6] 刘鹏程,翁兴中,张广显. 机场环氧沥青混凝土加铺复合道面荷载应力分析[J]. 材料导报,2015,29(20):148-152,156.
[7] 张健. 环氧沥青混凝土在机场路面中的应用[J]. 交通世界(中旬刊),2021(12):54-55.

CHAPTER 2

第2章

沥青道面状况评价

2.1 机场道面常用评价指标

道面状况指数(PCI)被许多国家用作道面损坏程度的评价指标,它综合了道面损坏类型、损坏程度、损坏范围或密度等方面的定量状况。美国陆军工程兵团在20世纪70年代组织道面专家对全美军用机场道面病害类型、程度及影响情况进行了普查,经研究后提出了评价道面状况的PCI指标,把道面损坏状况分为7个等级:极好,PCI≥85;很好,70≤PCI<85;好,55≤PCI<70;中,40≤PCI<55;差,25≤PCI<40;很差,10≤PCI<25;失效,PCI<10。

2004年,美国联邦航空管理局(FAA)为了验证设计规范的可靠性,对机场沥青道面使用状况进行了大规模调查,系统分析了道面的使用性能及各种损坏类型和程度。调查结果归纳于表2-1,从表中可以看出沥青道面损坏的主要类型有三类,分别是纵、横向裂缝,龟裂,轮辙。

2004年美国FAA调查机场沥青道面PCI指标结果 表2-1

编号	损坏分类	损坏模式	PCI降低值	影响百分比(%)	PCI降低>5区域百分比(%)
1	裂缝类	纵、横向裂缝	14.16	34.3	62.1
2		块裂	2.91	7.0	10.6
3		龟裂	12.27	29.7	43.8
4		滑移裂缝	0.05	0.1	0.4
5		混凝土板接缝、反射裂缝	1.61	3.9	6.8
6	变形类	轮辙	4.62	11.2	20.7
7		推挤	0	0.0	0
8		沉陷	0.81	2.0	5.1
9		胀起	0.49	1.2	3.2
10		波浪	0.01	0.0	0.1
11	抗滑性能丧失类	泛油	0.81	2.0	3.3
12		磨光	0.01	0.0	0.2
13		油料腐蚀	0.13	0.3	0.2
14	分解类	老化和松散	2.52	6.1	11.5
15	其他类	喷气烧蚀	0.01	0.0	0.0
16		补丁损坏	0.93	2.2	5.2

我国机场道面损坏调查发现,基本没有 PCI <40 的情况,主要原因是在 PCI 值接近 40 之前,绝大多数机场道面都开展了必要维修。因此,我国规范将损坏等级评分标准中 PCI <40 的三个损坏等级合并成为一个等级[1],其他等级标准则参照美国的标准。表 2-2 是我国沥青道面损坏等级评定标准。

我国沥青道面损坏等级评定标准 表 2-2

道面损坏等级	优	良	中	次	差
PCI 范围	≥85	70 ~ 85	55 ~ 70	40 ~ 55	<40

2.2 机场道面典型病害形式

同济大学研究人员对上海虹桥国际机场的沥青道面进行了系统的调查、测试和评价,表 2-3 是对机场沥青道面分区划分单元进行损坏统计的结果[2]。2002 年 8 月的调查结果表明,以裂缝为主的损坏单元数占总单元数的 55.4%,以轮辙为主的损坏单元数占总单元数的 27.1%,而且这两类破坏在 2000 年、2001 年、2002 年这三年内发展很快。

2000—2002 年上海虹桥国际机场沥青道面病害调查情况 表 2-3

编号	主导损坏类型	2000 年 9 月		2001 年 9 月		2002 年 8 月	
		单元数	占总单元数比重(%)	单元数	占总单元数比重(%)	单元数	占总单元数比重(%)
1	裂缝	126	52.5	169	70.4	235	55.4
2	沉陷	30	12.5	20	8.3	4	1.0
3	轮辙	20	8.3	18	7.5	115	27.1
4	搓板	8	3.3	4	1.7	0	0
5	唧泥	7	2.9	5	2.1	0	0
6	坑槽	6	2.5	6	2.5	0	0
7	修补损坏	3	1.3	1	0.4	41	9.7
8	松散	1	0.4	0	0	2	0.5
9	无损坏	39	16.3	17	7.1	5	1.2
10	喷气腐蚀	0	0	0	0	2	0.5
11	龟裂	0	0	0	0	15	3.5
12	磨光	0	0	0	0	5	1.1
合计		240	100	240	100	424	100

表2-4是同济大学研究人员于2004年、2007年对厦门高崎国际机场沥青道面进行调查的结果,两次检测结果均表明,轮辙和裂缝在各类损坏类型中排前两位[3]。

2004年、2007年厦门高崎国际机场沥青道面损坏调查分类统计 表2-4

编号	主导损坏类型	2004年		2007年	
		单元数	占总单元数比重(%)	单元数	占总单元数比重(%)
1	轮辙	227	55.37	95	23.11
2	裂缝	118	28.78	168	40.88
3	修补损坏	1	0.24	4	0.97
4	沉陷或隆起	14	3.41	5	1.22
5	龟裂	11	2.68	0	0
6	搓板	3	0.73	0	0
7	松散	2	0.49	0	0
8	道面推挤	26	6.34	0	0
9	无损坏	8	1.95	139	33.82
合计		410	100	411	100

2.3 机场沥青道面使用状况总结

根据国内外大量沥青道面使用状况的调查分析,可以得出如下结论:

(1)裂缝和轮辙是沥青道面最常见的病害,在各类病害中占比较高,通常为60%~70%。裂缝和轮辙的发展会严重影响道面的使用性能。国内许多大型机场的实践表明,我国机场沥青道面的使用寿命通常难以达到15~20年。

(2)虽然造成道面裂缝和轮辙的原因很多,各个机场道面所处的环境和工况也不尽相似,但是道面材料和道面结构没有针对飞机轮胎压力越来越大、机场日益繁忙的工况做出必要的调整是重要的因素。因此,进行道面结构分析时,应重视高胎压的影响。

(3)传统道面材料和道面结构难以适应现实机场道面的工况。

(4)机场道面结构设计时,应重视控制道面开裂和轮辙,应尽可能选择疲劳强度高、高温稳定性好的材料。

参考文献

[1] 中国民用航空局.民用机场道面评价管理技术规范:MH/T 5024—2019[S].北京:中国民航出版社,2019.

[2] 同济大学,上海机场(集团)有限公司.上海虹桥机场主跑道道面调查评价[R],2002.

[3] 同济大学.厦门高崎国际机场跑道检测与评价报告[R],2002.

CHAPTER 3

第3章

国外机场道面设计方法简介

机场道面设计方法通常有两种:一种是经验法,另一种是力学-经验法。

1)经验法

加州承载比CBR(California Bearing Ratio)表征的是路基填料强度性能,是试验材料贯入量为2.5mm时的试验荷载与标准碎石压入相同贯入量时标准荷载的比值。CBR受土质、含水率、压实度、浸入时间等诸多因素的影响。CBR设计方法的起源可以追溯到20世纪20年代,美国加州道路局通过十多年的道路路面调查,建立了土的CBR值与路面经验厚度的关系,提出了路面设计的CBR法。20世纪40年代初,美国陆军工程兵部队在机场道面设计中借鉴了路面设计的CBR法,通过足尺试验和机场道面状态的调查,建立了飞机荷载及作用次数、道面总厚度与土基CBR值之间的关系,绘制了机场道面厚度设计的CBR曲线。随着飞机机型的发展,又建立了双轮、四轮以及宽体飞机轮载的CBR曲线。美国FAA制定的设计方法以及日本国土交通省航空局主编的《机场沥青道面设计要领》都是以CBR方法为基础,并在设计方法中充分考虑飞机的轮载和飞行次数。

借鉴路面设计方法,以足尺试验和机场道面使用状况调查为基础形成的机场道面设计方法,解决了设计人员面临的不少问题。但是,基于试验路和足尺试验所包括的因素而建立的设计体系终究具有局限性。特别是由于现代机型的发展,航空运输量的快速增加,各种稳定类基层材料普遍代替了传统的粒料基层材料,导致机场道面结构发生了很大变化,而经验设计法难以适应这些变化。随着计算机的普及应用,特别是计算力学在工程中的快速推广应用,过去无法用理论法解决的力学分析难题得到解决。

2)力学-经验法

在1962年前的三十多年里,对沥青路面设计的发展有重要影响的研究工作可以归纳为以下五项[1]:

(1)Porter建立了土的CBR值与路面经验厚度间的关系,提出了路面设计的CBR法;

(2)Burmister提出了路面力学分析的弹性层状体系理论[2];

(3)Benkelman在WASHO试验路上开发了路面弯沉测量装置——Benkelman梁(贝克曼梁)[3-4],实现了路面弯沉测定;

(4)Hveem关于路面弯沉与路面疲劳破坏关系的研究,形成了路面疲劳破坏设计指标[5];

(5)AASHO 试验路的研究建立了不同轴载与交通量对路面作用的关系,即不同轴载间的等效关系[6-7],建立了 AASHO 路面设计方法。

以 1962 年在美国密歇根大学召开的第一次沥青路面结构设计国际会议为标志,各国道路工作者在理论法设计沥青路面方面做了大量工作,取得了很多实用性研究成果。黄卫认为可以将 1962 年作为一个界限,在此以前路面设计采用以经验法为主的方法,在此以后发展为以力学分析为基础、辅以试验结果修正的理论法,在较大范围代替了原有的经验设计方法,成为沥青路面设计方法的主流[1]。

20 世纪 70 年代,借鉴沥青路面设计理论方法,基于力学分析和试验数据的机场道面理论设计方法逐步建立起来。1973 年美国沥青协会出版了《运输机场全厚度沥青道面》,1987 年更新为《运输机场沥青道面的厚度设计方法》。该设计方法以弹性层状体系为理论基础,以飞机荷载作用下的沥青混合料结构层底拉应变和土基顶面的竖向压应变作为道面的设计控制指标。1989 年美国空军和海军联合发布了《机场柔性道面设计指南》,该指南同时提供了 CBR 法和基于弹性层状体系的力学-经验法。

20 世纪 90 年代,针对传统的 CBR 设计方法无法适用于新一代 B-777 机型的问题,美国 FAA 以弹性层状体系分析软件为基础,建立了适用于新一代 B-777 机型的道面结构力学分析方法,并编制了专门的设计程序。

许多国家机场道面设计理论方法的一个共同特点是力学计算都采用了弹性层状体系理论。进入 21 世纪以来,随着有限元数值方法的推广与应用和计算机计算能力的提升,特别是大型商业工程力学分析软件的普及,越来越多的研究者直接应用有限元数值方法进行机场道面结构的力学分析,解决了传统解析方法不能解决的现代计算问题。

参考文献

[1] 黄卫,顾维平,方福森. 沥青路面设计方法的发展[J]. 公路,1996(3):21-28.

[2] Burmister D M. The General Theory of Stresses and Displacement in Layered System[J]. Journal of Applied Physics, 1945, 16:89-94.

[3] Highway Research Board. The WASHO Read Test, Special Report 18, Part 1:Design, Construction and Testing Procedures[R].

[4] Highway Research Board. The WASHO Read Test, Special Report 22, Part 2: Test, Data, Ana-

lyses, Findings[R].

[5] Hveem F N. Pavement Deflections and Fatigue Failures[R]. Highway Research Board, Bulletin 114:43-87,1955.

[6] Highway Research Board. The AASHO Road Test, Report 7, Special Report 61-C Summary Report [R].

[7] Highway Research Board. The AASHO Road Test, Special Report 73[R].

CHAPTER 4
第4章

我国机场沥青道面设计方法简介

我国早期机场道面设计和道路路面设计的研究人员紧密合作,许多研究课题都共同协作,研究成果及时在道路路面和机场道面领域推广应用。改革开放以来,我国各地大规模开展以高速公路为骨干网的道路建设,带动了路面工程研究大规模开展,取得了一系列重要研究成果并在工程中得以应用[1-4]。21 世纪以来,机场道面和道路路面合作研究项目逐步减少,道路研究成果也没有及时在机场领域得到应用。所以,我国机场道面设计方法与道路路面研究成果在相互借鉴方面还有许多工作值得做。

1999 年中国民用航空总局发布的《民用机场沥青混凝土道面设计规范》(MH 5010—1999)是以 CBR 作为路基土和道面材料参数性能指标的经验设计法[5-6]。CBR 法是一种典型的经验法,CBR 路面设计方法提出后,得到许多国家道路设计研究人员的认同,并根据本国国情,对 CBR 法的试验及应用进行了完善。我国公路工程行业标准《公路路基施工技术规范》(JTJ 033—95)和城建行业标准《城镇道路工程施工与质量验收规范》(CJJ 1—2008)将 CBR 方法作为路基填料强度的试验方法。

由于机场道面和道路路面承受的荷载及交通分布有明显差别,道路路面的相关调查数据和研究结果并不能被机场道面设计直接采用,应开展有针对性的研究,并结合飞机荷载的演变过程及时对 CBR 方法进行必要的修正,才能使 CBR 方法在我国的机场道面设计中得到可靠的应用。

2017 年,中国民用航空局发布了《民用机场沥青道面设计规范》(MH/T 5010—2017),代替 MH 5010—1999。2017 版规范首次将我国机场沥青道面设计方法由经验法调整为力学-经验法[7]。2017 版规范将原强制性标准改为推荐性标准,适用于民用机场新建、改建和扩建工程的沥青道面设计,设计年限由原来的 15 年增加到 20 年。

在进行新建道面设计时,将以 CBR 法为核心的经验型结构设计法调整为以道面累积损伤理论为基础的力学-经验法,取消原方法中的设计飞机、当量单轮荷载、道面结构厚度的疲劳修正、设计 CBR 值等内容;采用累积损伤因子(CDF)作为沥青道面结构设计指标,CDF 是包含沥青道面力学设计指标的复合指标。沥青道面设计以轮辙和结构层的疲劳开裂作为控制损坏模式,根据基层类型按表 4-1 列出的力学设计指标进行验算。《民用机场沥青道面设计规范》(MH/T 5010—2017)规定的沥青道面设计流程如图 4-1 所示,推荐的结构组合见表 4-2。采用小梁低温弯曲试验评价沥青混合料的低温拉伸性能,试验温度为 -10℃,加载速率为50mm/min,小梁的尺寸为250mm×30mm×35mm,用于中、上面层的沥青混合料低温小梁弯曲试验的破坏应变宜满足表4-3 的要求。低温分区标准依据99%可靠度的冬季极端日最低气温 T(℃):冬严寒区,$T \leq -37$℃;冬寒区,$-37℃ < T \leq -21.5$℃;冬冷区,$-21.5℃ < T \leq -9$℃;冬温区,$T > -9$℃。道面抗高温性能采用沥青混合料轮辙试验评价,应满足表4-4 的要求,试验方法采用《公路工程沥青及沥青混合料试验规程》(JTG E20—2011)中的 T 0719。高温分区标准为:夏炎热区,$T > 30$℃;夏热区,$20℃ < T \leq 30$℃;夏凉区,$T \leq 20$℃。采用浸水马歇尔残留稳定度和冻融劈裂强度比两个技术指标评价沥青混合料面层的水稳定性,具体技术要求见表4-5。浸水马歇尔残留稳定度试验方法采用《公路工程沥青及沥青混合料试验规程》(JTG E20—2011)中的 T 0709,冻融劈裂强度比试验方法采用《公路工程沥青及沥青混合料试验规程》(JTG E20—2011)中的 T 0729。

沥青道面的损坏模式和设计指标 表4-1

基层结构类型	控制损坏模式	力学设计指标
粒料类或沥青稳定类基层	沥青面层疲劳开裂	沥青面层底面水平拉应变
	沥青道面轮辙	道基顶面竖向压应变
无机结合料稳定类基层	无机结合料稳定类基层疲劳开裂	无机结合料稳定类基层底面水平拉应力
	沥青道面轮辙	沥青面层竖向剪应力

沥青道面结构组合 表4-2

结构组合			航空交通量等级		
面层组合	上基层	下基层	重	中	轻
两层式 ≤15cm	无机结合料稳定类	无机结合料稳定类	不推荐(快速出口滑行道可为推荐)	推荐	推荐
		粒料类	不推荐(快速出口滑行道可为推荐)	推荐	推荐

续上表

结构组合			航空交通量等级		
面层组合	上基层	下基层	重	中	轻
两层式 ≤15cm	沥青稳定类	无机结合料稳定类	推荐	推荐	推荐
		沥青稳定类	推荐	推荐	推荐
		粒料类	不推荐	不推荐	推荐
	粒料类	粒料类	不推荐	不推荐	推荐
三层式 >15cm	无机结合料稳定类	无机结合料稳定类	推荐	推荐	不推荐
		粒料类	不推荐	推荐	不推荐
	沥青稳定类	无机结合料稳定类	推荐	推荐	不推荐
		沥青稳定类	推荐	推荐	不推荐
		粒料类	不推荐	推荐	不推荐

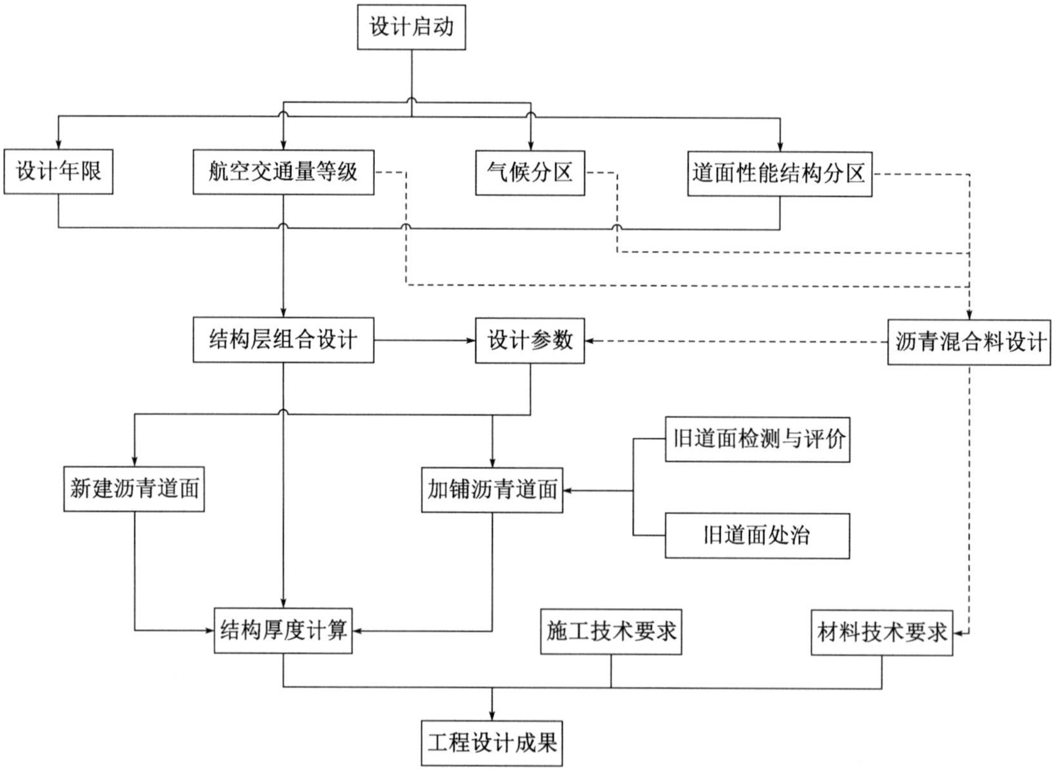

图 4-1　沥青道面设计流程

低温小梁弯曲试验技术要求(-10℃)　　表4-3

混合料类型	破坏应变(με)				试验方法
	冬严寒区	冬寒区	冬冷区	冬温区	
普通沥青混合料	2800	2500	2000		JTG E20—2011 T 0715
改性沥青混合料	3000		2500		

沥青道面混合料轮辙试验动稳定度技术要求　　表4-4

航空交通量等级		不小于(次/mm)		
		夏炎热区	夏热区	夏凉区
重	抗高温性能增强区	10000	8000	6000
	其他区	8000	6000	5000
中	抗高温性能增强区	8000	7000	5000
	其他区	7000	5000	4000
轻	抗高温性能增强区	5000	4000	3000
	其他区	4000	3000	2000

沥青道面混合料水稳定性技术要求　　表4-5

混合料类型	浸水马歇尔残留稳定度(%),不小于	冻融劈裂残留强度比(%),不小于
普通沥青混合料	85	80
改性沥青混合料	90	85

2019年,中国民用航空局发布了《机场环氧沥青道面设计与施工技术规范》(MH/T 5041—2019)。该规范规定了民用机场(含军民合用机场的民用部分)环氧沥青道面的设计、施工与质量控制的方法和标准,主要内容有结构层组合设计与计算、环氧沥青混合料设计、环氧沥青加铺层设计、环氧沥青道面施工、环氧沥青黏结层、环氧沥青不停航施工、质量检查等。该规范规定民用机场环氧沥青道面的设计年限为30年[8]。

参考文献

[1] 黄卫,顾维平,方福森.沥青路面设计方法的发展[J].公路,1996(3):21-28.

[2] 黄卫,钱振东.高等水泥混凝土路面设计理论与方法[M].北京:科学出版社,2000.

[3] 黄卫,钱振东.高等沥青路面设计理论与方法[M].北京:科学出版社,2001.

[4] 黄卫.大跨径桥梁钢桥面铺装设计理论与方法[M].北京:中国建筑工业出版社,2006.

[5] 中国民用航空总局. 民用机场沥青混凝土道面设计规范:MH 5010—1999[S]. 北京:中国民航出版社,2000.

[6] 刘文,凌建明,赵鸿铎. 民用机场沥青混凝土道面设计方法综述[J]. 中国民航学院学报,2006,24(4):43-47,64.

[7] 中国民用航空局. 民用机场沥青道面设计规范:MH/T 5010—2017[S]. 北京:中国民航出版社,2017.

[8] 中国民用航空局. 机场环氧沥青道面设计与施工技术规范:MH/T 5041—2019[S]. 北京:中国民航出版社,2019.

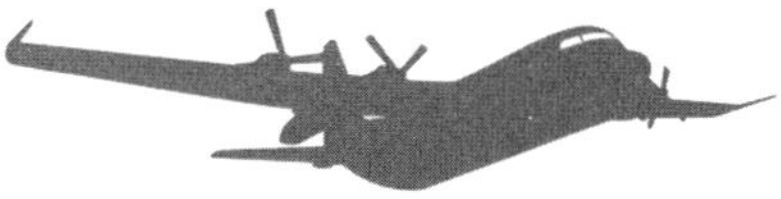

CHAPTER 5

第5章

机场沥青道面成套关键技术分析

5.1 我国机场道面建设面临的技术任务

当前和今后相当长的时间内,我国是机场建设规模最大、客货运输量增长最快的国家。回顾机场道面材料与设计发展历程,我国应该将绿色低碳耐久作为机场道面技术的总体目标,认真分析机场道面建设面临的新形势和新任务,通过技术创新,尽快建立起我国机场沥青道面的成套关键技术。

(1)现代飞机机型逐步大型化,大型货机、双通道大型飞机发展快,增量多,胎压增高,道面结构的轮载力学响应更为复杂,承受的应力应变显著增大。

(2)我国是航空运输发展最快的国家,大型机场日渐繁忙,这体现在旅客运输量、货物运输量、飞机起落架次等都在快速增加。机场建设与养护的任务量巨大,迫切需要在机场道面的材料、结构、设计理论与方法和施工工艺等领域进行技术创新。旧道面的维修和加铺技术也迫切需要新材料和新结构的创新。

(3)我国幅员辽阔,地理环境对机场道面的影响差异很大,这对机场道面的材料、结构设计、施工和运营维护都提出了新的不同要求。

(4)机场道面设计应充分吸收和采用新技术,如随着数值计算理论的快速发展和工程应用的普及,采用有限元方法分析道面结构的力学响应比传统的弹性层状体系理论分析更为方便、更加全面,为结构设计更加可靠提供了条件。

(5)新材料的发展为机场沥青道面性能的全面提升提供了可能。数十年来,研究人员对沥青的改性做了大量具有显著成效的工作,并在工程中得到应用。但是这些工作还局限在改善和改进的层面上,并没有能彻底改变沥青高温条件下的热融性,未能彻底解决高温易产生轮辙、在反复重载作用下易疲劳开裂、在水泥混凝土道面上加铺沥青道面时易产生反射裂缝、高原地区沥青道面易老化等问题。

(6)环氧沥青等高分子材料改性沥青的成功研发和应用,彻底改变了传统沥青高温热融的特性,首次出现了高性能热固性路面材料。环氧沥青在机场道面的应用赋予了机场道面全新的性能。

(7)随着智能检测技术的快速发展和应用,机场道面无损检测与视频检测技术相比传统方法能更快速、更全面地监测道面状况,为道面运营维护提供了可靠数据。

(8)航空运输是减少碳排放的重要领域,减少机场道面建设与养护的碳排放面临重要挑战。一是通过科技创新,使用新材料、新结构,建设寿命更长的道面,如将现在普遍采用的沥青道面20年设计年限延长到30~40年,同时减少使用期的大修和日常维护,则可实现道面工程碳排放的大幅降低;二是在运营维护过程中,特别是大修改造工程中,把传统的铣刨料100%高效回收利用,减排效果十分显著。

5.2 绿色低碳耐久沥青道面关键技术

绿色低碳耐久是机场沥青道面建设的总体目标,机场沥青道面技术创新的主线应该是建立"新材料-新结构-新设计理论与方法-新施工工艺-智能运营维护"成套关键技术。

新材料:材料是机场道面关键技术的核心,只有材料性能的全面提升,才能全面提升道面的工程性能,彻底改变传统道面的工程性能弱点。大型重载机场道面材料应选择强度高、低温变形能力好、高温抗车辙能力强的材料。已有的工程实践和分析表明,采用环氧沥青等高分子材料改性沥青作为沥青混合料的结合料是非常有效的,道面结构的强度大幅提高,抗车辙能力显著增强,可以形成全新的高性能机场道面材料。基于绿色低碳和环境保护的目标,机场沥青道面的集料应通过科学研究和技术创新优先选择工业固废(如钢渣)代替混合料的集料,这样既可以避免开采优质石料造成对环境的破坏,又可以有效解决优质石料资源逐渐枯竭、沥青道面建设无料可用的难题。

随着机场道面养护维修工程量的快速增加,将产生大量的废弃旧料,开发优质的旧料再生剂,实现旧料绿色循环利用也是重要的技术任务。

新结构:针对飞机机型大型化、机场道面日渐繁忙、轮载次数大幅增加以及新型路面材料的应用,应优化长寿命机场道面结构组合。对于重型航空交通等级的机场沥青道面,上面层和中面层应采用环氧沥青混合料,应采用环氧沥青黏结材料保证各结构层之间在各种温度条件特别是高温条件下黏结可靠,形成整体的道面结构层连续体系。

结构层间的黏结材料最需关注的是高温条件下的黏结性能。大量试验研究和工程实践表明,环氧沥青黏结料的性能最好。

研究表明,在高温下环氧沥青混合料道面具有较好抑制下卧层隆起和应力扩散能力,其抗轮辙性能明显优于SMA道面。当采用2层或3层环氧沥青道面结构时,总的道面结构厚度可以较其他类型的沥青道面酌情减小。

新设计理论与方法:随着力学和计算数学的发展,以及新材料和新结构的采用,有必要研究合适的道面结构计算理论和设计方法、新的沥青混合料设计方法。如当前道面结构的力学分析理论采用数值计算(有限元)更为有效,在设计方法中要根据材料和结构特点,合理确定材料参数,充分考虑结构受力的动力特性及材料在不同温度条件下的黏性、弹性、塑性性能,并建立设计控制指标等。

新施工工艺:施工技术是实现材料设计意图的关键环节。实践表明:①只有高水平的施工工艺和严谨的质量控制,才能做出一流的道面工程;②随着新材料和新结构的应用,要研究建立基于新材料与新结构的新施工工艺和质量控制标准,不能简单套用传统的施工方法;③要及时在施工工艺和质量控制等方面进行创新,积极采用新工艺、新设备,这对提高施工水平和工程质量十分必要。

智能运营维护:机场道面的运营维护对道面的耐久性和服务水平十分重要,要系统研究机场道面状况智能检测和评价方法,建立智能运营维护规程并在机场运营中全面落实。好的日常道面养护工作可以提升道面服务水平,延长道面的使用寿命。

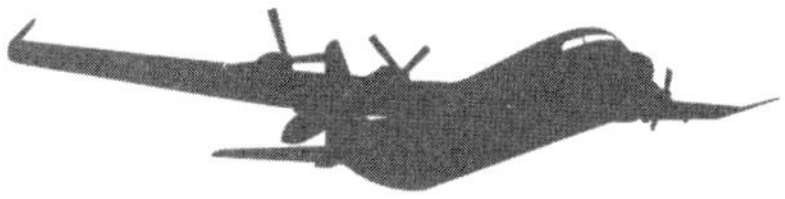

CHAPTER 6
第6章

环氧沥青在机场道面中的应用与研究

6.1 美国环氧沥青道面应用

环氧沥青在机场道面的最早应用是20世纪60年代前后,美国空军将环氧沥青作为空军机场道面的维修材料,目的是利用环氧沥青优秀的抗油侵蚀和高温稳定性,防止燃料泄漏和高温尾气喷射冲击导致沥青道面损坏。最初应用时,环氧沥青产品单一,产品性能研究和工程应用经验还不足。环氧沥青混合料道面应用的早期试验开展于1959年,壳牌石油公司在洛杉矶国际机场使用环氧沥青混合料对美国泛美航空公司维修机库前约$2500m^2$的沥青混合料停机坪进行了加铺,目的是防止在维修飞机时燃料和润滑油泄漏导致沥青道面损坏。试验结果表明,环氧沥青道面性能优异。研究者认为,环氧沥青加铺前原有沥青道面性能良好,也有利于环氧沥青加铺层的质量保持稳定。

1963年起,美国空军机场管理者将使用了环氧沥青混合料道面的二十多个机场,根据地理位置和气候条件,划分为中西部、西部、南大西洋和东北部四个片区,跟踪考察环氧沥青道面的使用情况。其中,中西部的贝克斯菲尔德-米多斯菲尔德机场环氧沥青道面于1962年9月建成。环氧沥青加铺层的厚度为19mm,数年使用后观察发现,泄漏的油料没有对环氧沥青道面造成破坏,道面总体状况和表面纹理优良。

南大西洋片区有夏洛特空军国民警卫队基地,道面用于喷气式战斗机和螺旋桨式货机的停放与维护,于1960年和1962年共铺筑了3000多平方米的环氧沥青道面,采用了两种类型结合料,环氧沥青的用量是8%。使用数年后出现了一些随机的收缩裂缝,分析认为可能与所在地区气温较低有关。

东北部有雪城汉考克国际机场、纽约州伊丽莎白菲尔德机场。1962年在空军国民警卫队停机区铺筑了$3600m^2$的环氧沥青道面,厚度为19mm。加铺前的原沥青道面状况较差,加铺时在原沥青道面上洒布了稀释沥青作为黏性涂层,用量为0.05~0.10gal(美)/$yd^2$❶。在承包商施工时,由于环氧沥青混合料的容留时间限制,曾出现弃料情况,虽然施工后道面外观不令人满意,但使用数年后,道面状况总体良好,未因燃料泄漏和尾气喷射冲击的影响而产生病害,只出现了少量原沥

❶ 1gal(美)/yd^2 = 4.5275L/m^2。

青道面的反射裂缝。

需要说明的是,在20世纪60年代,限于高分子化学工业的发展水平和环氧沥青的研究与配制技术水平,环氧沥青的性能和应用技术远不及现在,但当时的工作是开创性的,意义重大。

6.2 我国环氧沥青道面应用与研究

环氧沥青在南京长江第二大桥(现更名为"南京八卦洲长江大桥")钢桥面铺装中成功应用后,东南大学、同济大学等单位的研究人员深入研究了新型环氧沥青产品的开发及其在机场道面的应用,形成了系列研究成果。2019年,中国民用航空局发布了东南大学主编的《机场环氧沥青道面设计与施工技术规范》(MH/T 5041—2019)[1]。

冉武平、凌建明等在60℃条件下,对四种环氧沥青道面结构进行轮辙加速加载试验[2]。研究表明,在高温下环氧沥青混合料道面具有较好抑制下卧层隆起和应力扩散的能力,其抗轮辙性能明显优于SMA道面。加载初期,环氧沥青混凝土道面的最大轮辙变形发展缓慢。但是,随着持续加温和加载,下卧层传统常用的沥青混合料发生剪切变形,随着结构层变形的累积,环氧沥青混凝土道面的最大轮辙变形突变,直到加载后期,下卧层变形才趋稳,从而使整体结构变形趋缓。

孙磊等研究了机场道面在不停航施工条件下,环氧沥青混合料的初始强度与最终强度需达到的技术要求[3]。将环氧沥青混合料的级配作为切入点,以贝雷法级配设计理论为基础,采用设计密度为105%、100%、95%、90%、85%、80%的六条级配曲线,研究了不同设计密度下环氧沥青混合料的体积参数特性、初始路用性能与最终路用性能等。研究表明,环氧沥青混合料的初始路用性能指标可以满足不停航施工条件下机场道面的通航标准。当设计密度为105%、100%、95%时,环氧沥青混合料形成松排骨架结构;当设计密度为90%、85%、80%时,环氧沥青混合料形成悬浮密实结构。具备松排骨架结构的环氧沥青混合料初始路用性能优于悬浮密实结构的环氧沥青混合料。然而,在完全固化后,具备松排骨架结构的环氧沥青混合料的最终路用性能不及悬浮密实结构的环氧沥青混合料。环氧沥青混合料骨架结构的密实程度越高,其综合路用性能越好。通过模拟道面结构在飞机荷载作用下的应力应变响应可以发现,上面层加铺层模量的变化对于加铺层结构中面层内的竖向压应变有较大影响,对于结构层其他层位的应力应变影响较小。此外,环氧沥青加铺结构层由于具有较高模量,可以有效阻止因拉应力、压应力与剪应力导致的破坏,从而抑制道面病害的发生。

王正奇为获取更高性能的环氧沥青玛蹄脂碎石混合料(ESMA),从级配设计、室内试验及数值模拟三个方面,针对 ESMA 的性能进行研究[4],确定了 ESMA 综合性能最佳时的环氧沥青组分与掺量、拌和及养生条件、击实和碾压次数,提出了 ESMA 的成型工艺。试验结果表明,级配范围内的无纤维 ESMA-13 固化后具有更高的马歇尔稳定度以及更好的抗水损害性能,但是其未固化时的抗轮辙性能不及掺加纤维的 ESMA-13。对无纤维 ESMA-13 进行级配设计,获得设计密度分别为 105%、110%、115%、120% 和 125% 的级配曲线,并对不同设计密度的无纤维 ESMA-13 进行室内试验。试验结果表明,通过调整混合料的设计密度,能够有效提高无纤维 ESMA-13 未固化时的抗轮辙性能。ESMA-13 的性能满足机场道面加铺层的技术要求,可用于不停航道面施工。

凌建明等研究发现,B787 和 A350/380 飞机的轮胎充气压力达到了 1.5MPa,重载高胎压显著增加了沥青道面结构的荷载响应,在重载和高胎压作用下,轮胎与道面的接触应力在空间分布上呈现出显著的非均匀性[5]。实测结果表明,随着载重的变化,飞机轮胎边缘的竖向接触压力高达轮胎充气压力的 1.5 ~3 倍。环氧沥青混合料道面兼顾普通沥青混合料道面和水泥混凝土道面的双重优势,因其优异的力学性能成为重载高胎压条件下道面铺装材料的理想选择。基于 ABAQUS 软件建立了考虑竖向接触应力不均匀分布的环氧沥青道面结构动力响应三维有限元模型,并利用现场足尺加速加载试验结果对模型进行了验证。同时,对接触应力分布、轮胎充气压力大小、温度场分布和道面结构材料特性等因素对道面结构响应的影响进行了分析。结果表明,不均匀接触应力增大了道面结构响应量;重载高胎压条件下,为减少轮辙和开裂,环氧沥青铺装材料较沥青玛蹄脂碎石混合料具有更好的适用性。

冉武平等通过室内试验,研究了环氧沥青混合料的低温开裂性能及其评价指标[6]。通过沥青混合料多种低温评价指标适用性分析,建议将低温劈裂强度作为评价环氧沥青混合料低温抗裂性能的指标。寒冷地区新建的环氧沥青道面结构设计,以低温开裂临界温度 -31℃ 作为考虑面层低温开裂的温度控制条件,以低温劈裂强度作为结构设计控制指标。试验结果表明，环氧沥青混合料在低温条件下的蠕变速率和塑性变形小，但低温抗裂性能较好，抗拉强度是其他改性沥青混合料的1.3~2.0倍，劲度模量为其他改性沥青混合料的1.3~1.9倍。

郭荣昌等对环氧沥青混合料在西安咸阳国际机场北飞行区道面改造与新建滑行道工程铺装的应用进行了研究[7]。研究了环氧沥青混合料的配合比设计，并进行了试验段的铺筑，提出了施工工艺和技术要点。研究认为，环氧沥青混合料能有效抑制机场道面的剪切推移带来的车辙等病害，建议在机场道面工程中推广应用。

舒富民等根据机场道面对沥青混合料的使用性能要求，开展了道面用环氧沥青混合料设计，通过对比机场道面常用的几种沥青混合料的路用性能，提出了环氧沥青混合料在我国新建机场沥青道面和既有机场环氧沥青加铺层的设计建议[8]。

王建南等介绍了苏南硕放国际机场采用环氧沥青混合料进行道面加铺的情况[9]。该机场位于无锡市，机场飞行区等级指标为4E，跑道长度为3200m，宽度为50m。通过2013年、2015年、2018年道面检查发现，轮辙是沥青加铺道面的主要病害，同时，沥青道面存在少量裂缝。该机场承载747货运飞机，TB-6联络道上轮辙所占比例远高于其他病害比例，原道面结构为5cm改性SMA-13+8cm改性AC-20+20cm水泥稳定碎石混合料+15cm级配碎石混合料，加铺方案为铣刨6cm原有沥青道面后加铺6cm ESMA-13。此外，为提高铺装层与原沥青道面层间的黏结性能，在原沥青道面与环氧沥青加铺层间洒布环氧沥青黏结料，施工组织方式为不停航施工。

6.3 环氧沥青道面研究与应用总结

关于环氧沥青在机场道面中的应用和研究需要说明如下：

(1)上述介绍的20世纪60年代前后环氧沥青在机场道面的应用，只是在环氧沥青的研究取得初步成果时，在机场道面中应用的最早尝试。该时期环氧沥青产品的研发还未成熟，通过工程应用以后，研究人员对环氧沥青继续开展了深入的研究，其重点是研究环氧树脂和沥青的共溶问题，其背景为环氧树脂和沥青难以直接相容。研究人员尝试了多种共溶剂，希望能最大程度地促使两者相容，从而制备出性能更加优异、稳定的环氧沥青产品。除了增溶剂外，研究人员还研究了沥青改性技术，如对沥青进行顺酐化改性，从而大大增加了两者的相容性，提高了环氧沥青的性能。

(2)环氧沥青在机场道面的应用取得了令人满意的结果，并积累了丰富的工程经验。随着研究工作的深入、产品性能的提高，20 世纪 60 年代环氧沥青在大跨径桥梁正交异性钢桥面铺装上成功应用，其中最著名的例子是 1967 年美国旧金山湾区的 Sam Meteo-Hayward 大桥的正交异性钢桥面铺装。该桥的环氧沥青钢桥面铺装使用至今，已历时五十多年，铺装状况优异。随后美国、澳大利亚、加拿大等许多国家的大跨径桥梁钢桥面铺装都选用了环氧沥青材料，大多数取得了很好的效果。

(3)自环氧沥青发明以来，特别是近二十年来，高分子化学学科及其工业发展有了很大的进步，推动了环氧沥青材料性能的提高和产品类型的多样化。环氧树脂固化剂产品日益丰富，为环氧沥青固化剂的选择和配制提供了便利。固化剂产品配制技术的发展，使得科研人员能够根据环境和工程应用需要，配制性能更适宜的环氧沥青产品。例如：对于低温地区应用的环氧沥青，可以调配低温变形能力更好的产品；对于灌封类工程应用的环氧沥青，可以配制柔性更好、断裂延伸更大的产品；对于高原地区应用的环氧沥青，可以配制抗辐射老化性能更好的产品。

(4)在南京长江第二大桥首次成功采用环氧沥青作为钢桥面铺装材料后，我国又有 50 多座大跨径桥梁采用了环氧沥青桥面铺装，如苏通长江公路大桥、南京长江第三大桥、上海长江大桥、武汉天兴洲长江大桥等。通过这些工程的具体实施，丰富了我国环氧沥青的应用技术。随后，多款国产环氧沥青产品的应用领域已拓展至高速公路路面、水泥混凝土桥面铺装、机场道面、隧道、高铁等工程，中国已经成为环氧沥青应用最广泛的国家。

(5)国产环氧沥青产品已突破二十多年前美国、日本产品沥青含量不超过 50% 的瓶颈，通过优化环氧体系，可以大幅度增加沥青用量，显著降低成本，同时进一步拓展工程的应用场景。

(6)我国航空运输的快速发展为环氧沥青道面的推广应用提供了广阔的应用场景，同时环氧沥青及其应用技术的进步也为我国建设绿色低碳长寿命机场道面提供了重要的技术支撑。

参考文献

[1] 中国民用航空局. 机场环氧沥青道面设计与施工技术规范:MH/T 5041—2019[S]. 北京:中国民航出版社,2019.

[2] 冉武平,凌建明,赵鸿铎. 基于加速加载的环氧沥青混凝土道面轮辙特性[J]. 建筑材料学报,2016,19(2):330-335.

[3] 孙磊. 不停航施工条件下机场道面环氧沥青混合料的性能研究[D]. 南京:东南大学,2019.

[4] 王正奇. 机场道面加铺层环氧沥青玛蹄脂碎石混合料性能研究[D]. 南京:东南大学,2020.

[5] 凌建明,朱立国. 高胎压下机场环氧沥青道面结构动力响应分析[J]. 同济大学学报(自然科学版),2016,44(10):1538-1544.

[6] 冉武平,凌建明,谷志峰. 环氧沥青混合料低温性能及评价指标[J]. 西南交通大学学报,2017,52(5):935-942.

[7] 郭荣昌,王春,张玲燕,等. 机场道面环氧沥青混合料加铺施工技术[J]. 筑路机械与施工机械化,2018,35(3):92-98.

[8] 舒富民,尹祖超. 道面用环氧沥青混合料的路用性能分析[J]. 机场建设,2013(4):14-15,23.

[9] 王建南,刘银辉. 机场环氧沥青道面性能研究及工程应用[J]. 民航学报,2021,5(4):50-53,35.

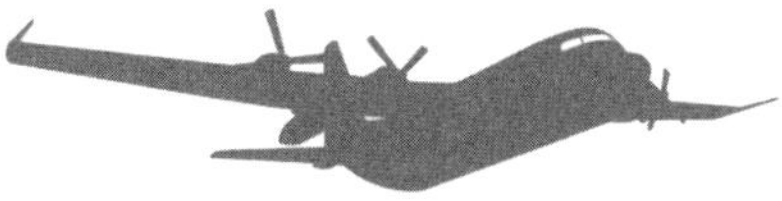

CHAPTER 7
第7章

美国ChemCo环氧沥青基本性能

7.1 美国 ChemCo 环氧沥青应用简介

美国学者在20世纪60年代就开始研究环氧沥青及其应用,但是直至20世纪90年代,研发与生产的路用环氧沥青产品种类仍然较少,最具代表性的是美国 ChemCo System 公司的产品。为了解决此前我国建设的大跨径桥梁钢桥面铺装通车不久即发生大面积破坏的问题,东南大学科研团队综合分析了我国大跨径钢箱梁桥面铺装的交通组成、超载、气候条件和钢箱梁结构特点等因素,决定采用环氧沥青混合料作为钢桥面铺装的材料[1-3]。在选择环氧沥青产品时,根据美国林同棪国际咨询公司的推荐,重点分析了自1967年环氧沥青在美国 Sam Meteo-Hayward 大桥正交异性钢桥面铺装三十多年的成功应用,在大量系统试验的基础上,选用美国 ChemCo System 公司生产的环氧沥青。许多文献介绍的美国环氧沥青性能,实质上是南京长江第二大桥钢桥面铺装选用的 ChemCo System 公司生产的环氧沥青性能。本书将其称作 ChemCo 环氧沥青。

随着 ChemCo 环氧沥青在南京长江第二大桥钢桥面铺装的成功应用,随后建设的润扬长江大桥、苏通长江公路大桥、南京长江第三大桥、武汉阳逻长江大桥、天津海河大沽桥等数十座桥梁的钢桥面铺装均应用了该产品[4-7]。ChemCo 环氧沥青在我国被深入系统地研究并广泛应用,对环氧沥青类产品的推广应用产生了重要影响。本章给出了该产品的基本性能,关于 ChemCo 环氧沥青混合料的具体性能指标将在其他相关章节进行详细的介绍。

7.2 美国 ChemCo 环氧沥青组分体系

ChemCo 环氧沥青被称为双组分环氧沥青,分为环氧沥青结合料(类型 V,用于环氧沥青混合料)和环氧沥青黏结料(类型 ID,用于与钢板和铺装结构层之间的黏结料)。ChemCo 环氧沥青混合料的拌和温度通常在120℃左右,相关文献将其归为温拌混合料[8]。其中 A 组分为环氧树脂,B 组分为沥青和固化剂(作为专利产品,供应商未就其成分做说明,笔者认为,B 组分的沥青或已改性,或还有其他添加成分,其目的是增加与 A 组分环氧树脂的相容性和提高环氧沥青的性能)。A 组分的技术指标如表7-1所示。B 组分是由石油沥青和环氧树脂、固化剂等组成的匀质合成物,其技术指标如表7-2所示。A组分和B组分按要求的比例和技术方法混合,固化后的环氧沥青技术指标如表7-3所示。

ChemCo环氧沥青A组分技术指标 表7-1

技术指标	技术要求	试验方法
黏度(73°F)(Pa·s)	100~160	ASTM D445
环氧当量(含1克环氧当量的材料克数)(g/eq)	185~192	ASTM D1652
颜色(加德纳色度)	≤4	ASTM D1544
含水率(%)	≤0.05	ASTM D1744
闪点(克利夫兰开口杯)(℃)	≥200	ASTM D92
相对密度	1.16~1.17	ASTM D1475
外观	透明琥珀状	目视

注:1.73°F=22.8℃。
2. ASTM-美国材料与试验协会。

ChemCo环氧沥青B组分技术指标 表7-2

技术指标	技术要求		试验方法
	类型ID	类型V	
酸值(mg KOH/g)	60~80	40~60	ASTM D664
闪点(克利夫兰开口杯)(℃)	≥250	≥200	ASTM D92
含水率(%)	≤0.05	≤0.05	ASTM D95
黏度(100℃)(Pa·s)	>800	>0.14	ASTM D2983
相对密度(23℃)	0.98~1.02	0.98~1.02	ASTM D1475
颜色	黑	黑	目视

ChemCo环氧沥青技术指标 表7-3

技术指标	技术要求		试验方法
	类型ID	类型V	
质量比(A组分:B组分)	100:445	100:585	—
抗拉强度(23℃)(MPa)	≥6.8947	≥1.5168	ASTM D638
断裂延伸率(23℃)(%)	≥190	≥200	ASTM D638
热固性(300℃)	不熔化	不熔化	小试件放置在热板上
膨胀比(23℃)(%)	≤3.0	≤3.5	特殊规程
浸耗率(23℃)(%)	≤35	≤35	特殊规程
吸水率(7d,23℃)(%)	≤0.3	≤0.3	ASTM D570
在荷载作用下的热挠曲温度(℃)	-18~-15	-25~-18	ASTM D648
黏度增加至1000mPa·s(121℃)的时间(min)	≥20	≥50	ASTM D2983

7.3 美国 ChemCo 环氧沥青黏度

热塑性沥青材料的黏度只随温度的改变而变化，与时间无关。环氧沥青是热固性材料，其黏度随时间和温度的变化而变化，其变化的规律是重要的工程性能指标，决定了环氧沥青混合料的施工性能[9-10]。环氧沥青的黏度在一定的温度条件下随时间增长而逐步增加，直至形成不溶的凝胶。为了保证环氧沥青混合料的性能以及顺利施工，在形成凝胶之前必须完成环氧沥青混合料的运输、卸料、摊铺、碾压等一系列施工工艺。环氧沥青的黏度变化可采用布氏黏度计进行检测，图 7-1 是美国 ChemCo 环氧沥青在 110℃、120℃、130℃、140℃四种温度条件下，黏度随温度、时间的增长曲线。

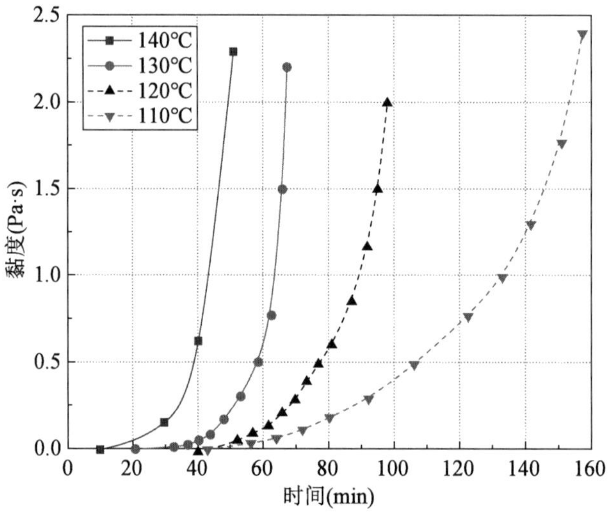

图 7-1 环氧沥青黏度随温度、时间的变化规律

由图 7-1 可知，四种温度下初始阶段黏度增长较缓，随着时间增加，黏度增长速率逐渐加快；到达某个时间点后，黏度急剧增长，并在短暂时间后达到峰值，以至于无法用旋转黏度计进行测量。根据图 7-1 可见，温度越高，黏度急剧增长的时间出现越早，急剧增长的区间越短；温度越低，黏度急剧增长的时间出现越晚，急剧增长的区间越长。这表明，控制适宜的拌和温度有利于保证完成各个施工工序的时间相对宽裕。

一般情况下，ChemCo 环氧沥青前 50min 特别是前 20min 的黏度变化很小，该时间后的黏度随时间增加较大。当环氧沥青的黏度增加到1Pa·s后,黏度随时间的变化急剧增大,说明环氧沥青的固化速度快速增加。因此,ChemCo环氧沥青混合料施工时必须严格控制时间和温度,通常应该在黏度快速增加前完成施工,否则黏度太大将导致无法达到压实要求。图7-2是实验室恒定温度条件下、松铺后、初压后三种情况时,黏度随时间的变化曲线。实际施工时环氧沥青混合料的温度是变化的,与室内恒温体系黏度相比,混合料的温度会下降,黏度的增长会相对缓慢。实测表明,松铺混合料比初压后的混合料热量散失更快,因此,初压后的混合料黏度增长比松铺的混合料快[9]。南京长江第二大桥钢桥面铺装施工规则要求环氧沥青混合料拌和出料温度为110~120℃,初压终了温度为82℃,终压终了温度为65℃。

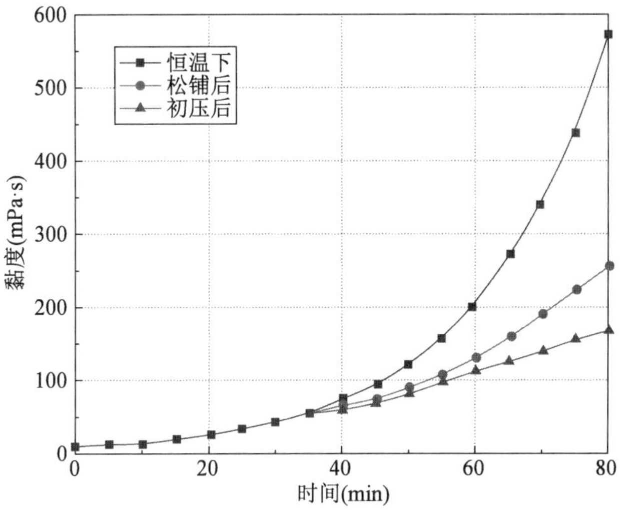

图7-2　黏度与时间的关系

7.4 美国ChemCo环氧沥青拉伸性能

环氧沥青的拉伸强度和断裂时的延伸率是表征环氧沥青性能的重要技术指标。针对环氧沥青的拉伸试验,我国沥青和沥青混合料试验规程中没有类似的拉伸试验方法,南京长江第二大桥钢桥面铺装的拉伸试验参照美国ASTM D638的标准进行。试验标准温度为23℃,试件固化后在23℃温度下应至少养生3h,仪器的拉伸速率为500mm/min±50mm/min,现阶段也可参照《硫化橡胶或热塑性橡胶　拉伸应力应变性能的测定》(GB/T 528—2009)规定的方法制作试件并进行试验。环氧沥青拉伸试件的制作是将 A、B 组分在规定的温度下按相应的比例进行混合，其固化条件为 120℃的干燥箱中固化养生 4h。在进行环氧沥青的拉伸时，需要先成型试件，试件厚度与宽度数据如表 7-4 所示。

环氧沥青拉伸试件尺寸 表 7-4

试验标准	GB/T 528—2009	ASTM D638
厚度(mm)	3.0	3.2 ±0.4
狭窄部分宽度(mm)	6.0	6.0 ±0.05

采用如图 7-3 所示的拉伸试件进行测试(图 7-4)，每组 6 个试件，取均值计算。表 7-5 是东南大学科研团队在南京长江第二大桥钢桥面铺装研究中的试验结果。

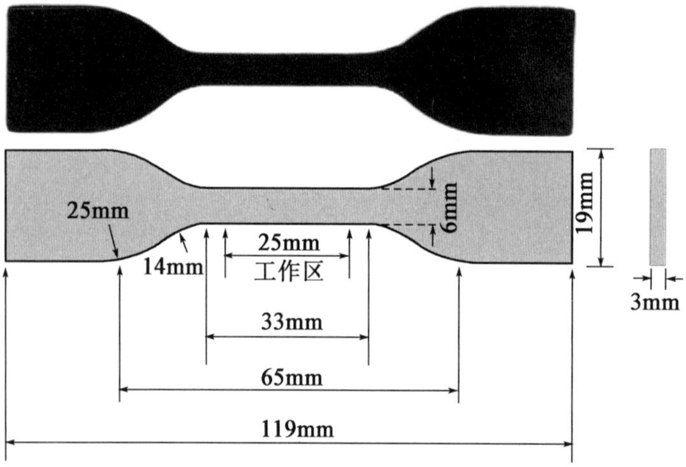

图 7-3 环氧沥青拉伸试件

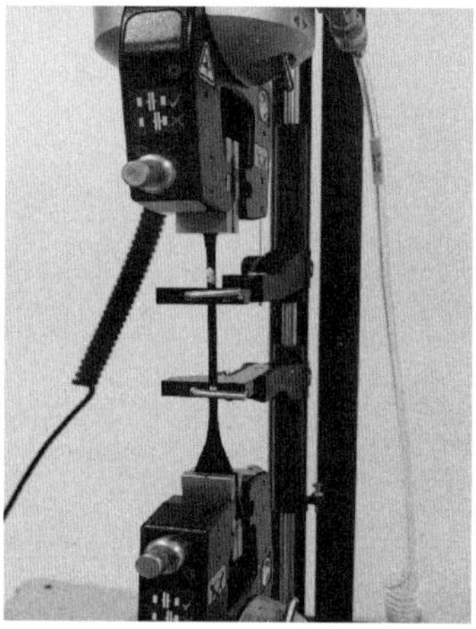

图 7-4 环氧沥青拉伸试验

环氧沥青拉伸试验结果(23℃) 表 7-5

材料分类	试件厚度(mm)	断裂延伸率(%)	破坏荷载(N)	抗拉强度(MPa)
类型 ID 黏结层	3.34	240	153	7.635
	3.34	220	157	7.834
	3.32	240	201	10.090
	3.26	220	148	7.570

续上表

材料分类	试件厚度(mm)	断裂延伸率(%)	破坏荷载(N)	抗拉强度(MPa)
类型 ID 黏结层	3.29	240	160	8.105
	3.32	230	147	7.380
平均值	3.31	232	161	8.102
类型 V 结合料	3.50	280	31	1.476
	3.53	270	30	1.416
	3.50	290	44	2.095
	3.37	300	41	2.028
	3.41	280	38	1.857
	3.50	270	36	1.714
平均值	3.47	282	37	1.764

7.5 美国 ChemCo 环氧沥青施工工艺

根据南京长江第二大桥钢桥面铺装的经验,其钢桥面板厚度为 14mm,铺装层厚度为 50mm,铺装分为上、下两层,每层厚度为 25mm。钢板与下面层之间用环氧沥青黏结料进行黏结,用量为 0.68L/m^2;上面层和下面层铺装之间同样采用环氧沥青黏结料进行黏结,用量为 0.4L/m^2。环氧沥青黏结料的施工方法是使用美国公司提供的洒布设备,由人工操作该设备将黏结剂经喷嘴枪雾状喷出。东南大学科研团队在后续工程中开发了环氧沥青黏结料的专用洒布车,其优点是喷洒更加均匀、计量更加准确、工作效率更高,如图 7-5 所示。ChemCo 环氧沥青的 A 组分为环氧树脂,无毒;B 组分为沥青和固化剂等助剂,无刺鼻气味,施工人员不需要特别的安全防护。南京长江第二大桥钢桥面铺装自 2001 年通车到 2022 年,历时 21 年,在承载超 10 万辆/d 的大交通量条件下桥面铺装运营良好,我国大跨径桥梁钢桥面铺装首次获得成功[11-12]。

图7-5　东南大学科研团队自主研发的环氧沥青黏结料专用洒布车

7.6 美国 ChemCo 环氧沥青应用总结

美国 ChemCo System 公司生产的环氧沥青在南京长江第二大桥钢桥面铺装获得成功的主要原因总结如下：

(1)正确选取环氧沥青作为铺装材料，相较于其他铺装材料，其更适用于重载、超载以及高温的不利因素耦合作用。选取环氧沥青作为钢桥面铺装材料是南京长江第二大桥钢桥面铺装取得成功的前提。

(2)铺装材料的试验研究和工程实践均表明美国 ChemCo System 公司生产的环氧沥青性能满足钢桥面铺装对材料性能的要求。

(3)针对钢桥面铺装承载交通量大、重车比例高、高低温度相差大以及超载严重等特点对铺装材料进行了全面系统的研究，为设计正确的桥面铺装结构、制订施工工艺和质量控制方案提供了坚实基础。

(4)正确的施工工艺和严格的质量控制为铺装成功提供了保证。

(5)持续严谨的运营维护对铺装保持良好的工作状态发挥了重要作用。

(6)工程实践表明，环氧沥青混合料的施工只要严格按照材料的性能变化规律和工艺要求进行，就能保证工程质量。环氧沥青混合料不允许随意和不严谨的工程施工，否则将导致致命的工程质量问题。

参考文献

[1] 黄卫. 大跨径桥梁钢桥面铺装设计理论与方法[M]. 北京：中国建筑工业出版社，2006.

[2] 黄卫,李淞泉. 南京长江第二大桥钢桥面铺装技术研究[J]. 公路,2001(1):37-41.

[3] HUANG WEI,QIAN ZHENDONG,CHEN GANG,et al. Epoxy asphalt concrete paving on the deck of long-span steel bridges[J]. Chinese science bulletin,2003,48(21):2391-2394.

[4] 胡光伟,黄卫,张晓春. 润扬大桥钢桥面铺装层力学分析[J]. 公路交通科技,2002,19(4):1-3.

[5] 黄卫. 大跨径桥梁钢桥面铺装设计[J]. 土木工程学报,2007,40(9):65-77.

[6] 徐勋倩,杨威,黄卫,等. 循环荷载作用下钢桥面铺装疲劳损伤失效行为研究[J]. 振动与冲击,2020,39(7):59-66.

[7] 曹海波,钱振东,李智. 环氧沥青混凝土在大跨径悬索桥钢桥面铺装中的应用[J]. 现代交通技术,2009,6(1):11-14,45.

[8] 钱振东,黄卫. 环氧沥青与沥青混合料[M]. 北京:科学出版社,2019.

[9] 闵召辉,张占军,钱振东,等. 环氧沥青混合料强度的时温依赖性[J]. 中国公路学报,2007,20(3):1-4.

[10] 闵召辉,黄卫. 环氧沥青的粘度与施工性能研究[J]. 公路交通科技,2006,23(8):5-8.

[11] 罗桑,钱振东,王汇. 南京第二长江大桥环氧铺装服役状况调研与分析——服役十年回顾[J]. 东南大学学报(英文版),2011,27(4):417-422.

[12] 王建伟,于力,罗桑. 南京长江第二大桥环氧沥青混凝土铺装服役13年回顾[J]. 公路,2015,60(8):37-40.

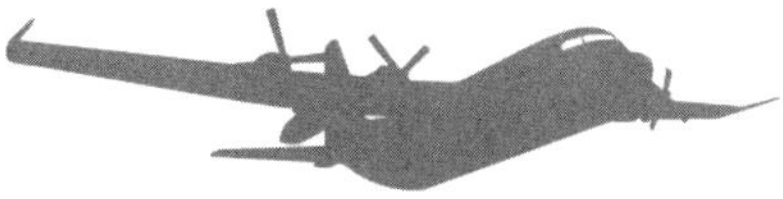

CHAPTER 8

第8章

日本KD环氧沥青基本性能

8.1 日本 KD 环氧沥青在我国的应用

环氧沥青在南京长江第二大桥钢桥面铺装的成功应用,解决了大跨径桥梁通车不久后(一般不超过 3 年)钢桥面铺装即发生大面积破坏的难题。因此,随后建设的大跨径桥梁钢桥面铺装大多数选择采用环氧沥青材料,这为日本环氧沥青进入我国市场提供了机遇。

20 世纪 90 年代,日本环氧沥青产品开始在日本的路面或桥面铺装维修工程中应用。虽然日本环氧沥青产品在路面或桥面坑槽的维修中应用量不大,但是该产品具有固化快、养生时间短、开放交通快、容留时间相对较长的优点,我国的一些桥梁在桥面铺装新建、大修或重铺时为了能尽快开放交通,选择采用日本环氧沥青,其在我国大规模工程建设市场中的应用量远超日本市场。我国市场主要应用的是日本近代化成株式会社生产的环氧沥青(KD 环氧沥青),早期由日本大有建设株式会社(简称 TAF)引入我国,所以国内许多文献称其为 TAF 环氧沥青[1]。本章介绍的日本环氧沥青的基本性能,实质上就是近代化成株式会社生产的 KD 环氧沥青的性能。KD 环氧沥青混合料的拌和温度高达 170℃以上,因此可以将其归为热拌环氧沥青混合料。

日本环氧沥青在我国的首次应用是江阴长江公路大桥桥面铺装维修项目,由东南大学王建伟工程师组织实施。虽然应用规模不大,但其固化快、开放交通早的特点引起了我国工程界的关注。虎门大桥主跨 888m,双向六车道,1997 年新桥建设时钢桥面铺装材料采用了 SMA,通车不久即发生了大面积破坏。经过两次大修和多次中小修后,在 2008 年和 2010 年的桥面铺装重修工程中采用了 KD 环氧沥青[2]。虎门大桥桥面铺装重铺工程的双层铺装结构总厚度为 70mm,上面层 35mm EAC-10 + 0.4kg/m^{2}环氧树脂防水黏结层 + 下面层 35mm EAC-10 + 0.4kg/m^{2}环氧树脂防水黏结层。

8.2 日本 KD 环氧沥青组分体系与性能

KD 环氧沥青黏结层材料由两部分组成,不含沥青,一部分称为主剂,即环氧树脂,另一部分为固化剂。施工时,将主剂和固化剂分别预热至 50 ~ 60℃,然后倒入容器中,用手持式搅拌器搅拌5min,双组分混合后必须在10min内施工完毕。施工时由人工进行涂布(图8-1),劳动强度较大,刺激性气味强烈,应做好施工人员的劳动保护[3]。KD环氧树脂黏结料固化后的技术要求见表8-1。

图8-1　KD环氧树脂黏结料人工涂布

KD环氧树脂黏结料固化后的技术要求　　表8-1

技术指标	技术要求	试验方法
质量比(主剂:固化剂)	50:50	—
拉伸强度(23℃)(MPa)	≥4.0	JIS K7113
断裂延伸率(23℃)(%)	≥100	JIS K7113
黏结强度(23℃)(MPa)	≥3.0	—

KD环氧沥青结合料由沥青、主剂(环氧树脂)和固化剂三个组分组成,沥青技术要求见表8-2,主剂(环氧树脂)技术要求见表8-3,固化剂技术要求见表8-4,KD环氧沥青结合料固化后的技术要求见表8-5。固化养生条件为烘箱内60℃固化4d。

KD环氧沥青结合料沥青技术要求　　表8-2

技术指标	技术要求	试验方法
针入度(25℃,100g,5s)(0.1mm)	60~80	JTG E20—2011 T 0604
针入度指数PI	-1.5~1.0	JTG E20—2011 T 0604
软化点(℃)	≥47	JTG E20—2011 T 0606
延度(10℃,5cm/min)(cm)	≥20	JTG E20—2011 T 0605
延度(15℃,5cm/min)(cm)	≥100	JTG E20—2011 T 0605
蜡含量(蒸馏法)(%)	≤2.0	JTG E20—2011 T 0615

续上表

技术指标	技术要求	试验方法
闪点(克利夫兰开口杯)(℃)	≥260	JTG E20—2011 T 0611
溶解度(%)	≥99.5	JTG E20—2011 T 0607
密度(15℃)(g/cm^3)	≥1.000	JTG E20—2011 T 0603
60℃动力黏度(Pa·s)	≥180	JTG E20—2011 T 0620
旋转薄膜加热试验(RTFOT)后残留物		
质量变化(%),不大于	±0.8	JTG E20—2011 T 0610
残留针入度比(25℃)(%)	≥61	JTG E20—2011 T 0604
残留延度(10℃)(cm)	≥6	JTG E20—2011 T 0605

KD 环氧沥青主剂技术要求 表 8-3

技术指标	技术要求	试验方法
黏度(23℃)(mPa·s)	1000～5000	GB/T 12007.4—1989
密度(23℃)(g/cm^3)	1.00～1.20	JTG E20—2011 T 0603
外观	淡黄色透明液体	肉眼目测

KD 环氧沥青固化剂技术要求 表 8-4

技术指标	技术要求	试验方法
黏度(23℃)(mPa·s)	100～800	GB/T 12007.4—1989
密度(23℃)(g/cm^3)	0.80～1.00	JTG E20—2011 T 0603
外观	淡黄褐色液体	肉眼目测

KD 环氧沥青结合料固化后的技术要求 表 8-5

技术指标	技术要求	试验方法
质量比(基质沥青:环氧树脂)	50:50	—
针入度(25℃,100g,5s)(0.1mm)	5～20	JIS K2207
软化点(℃)	≥100	JIS K2207
抗拉强度(23℃)(MPa)	≥2.5	JIS K7113
断裂延伸率(23℃)(%)	≥100	JIS K7113
吸水率(7d,25℃)(%)	≤0.3	GB/T 1034—1998
热固性(300℃)	不熔化	小试件放置在300℃的热板上
黏度增加至1Pa·s(180℃)的时间(min)	≥50	JTG E20—2011 T 0625

注:JIS-日本工业标准。

实验室内配制 KD 环氧沥青的方法是：首先将基质沥青加热至 150℃，环氧树脂和固化剂加热至 60℃并搅拌均匀，然后将基质沥青、环氧树脂和固化剂混合搅拌 5min。养生和固化方法是：在 150℃烘箱中放置 3h，在 60℃烘箱中固化 4d，再在 23℃左右的温度下放置 1d 后进行性能检测[4]。

KD 环氧沥青混合料拌和时，沥青与环氧体系分别同时投入，环氧体系投入后拌和时间为 45 ~ 50s。KD 环氧沥青混合料的出料温度通常设定为 160 ~ 180℃，KD 环氧沥青混合料拌和后至摊铺前需有 1h 养生期，并在出料后 1 ~ 2.5h 内完成摊铺碾压。与美国 ChemCo 环氧沥青混合料相比，日本 KD 环氧沥青混合料在拌和环节的能耗和碳排放会高出 50% 左右。

参 考 文 献

[1] 王朝辉，傅一，陈谦，等. 环氧沥青混凝土桥面铺装材料研究与应用进展[J]. 材料导报，2018，32(17)：2992-3009.

[2] 刘晓文，张肖宁. 日本 TAF 环氧沥青混凝土在桥面铺装中的应用[J]. 筑路机械与施工机械化，2010，27(1)：69-71.

[3] 吕满仓. 钢箱梁桥面铺装环氧沥青材料比对研究[J]. 建筑工程技术与设计，2016(33)：1049，1048.

[4] LUO S，LIU Z，YANG X，et al. Construction Technology of Warm and Hot Mix Epoxy Asphalt Paving for Long-Span Steel Bridge[J]. Journal of Construction Engineering and Management，2019，145(12)：04019074.

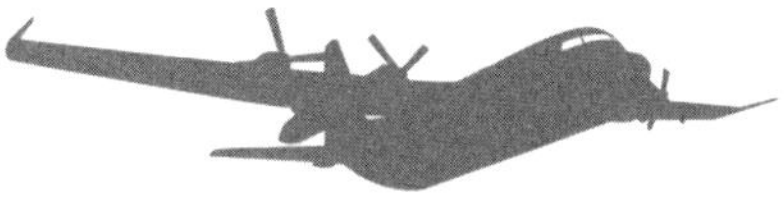

CHAPTER 9
第9章

中国SE/HPEP环氧沥青基本性能

9.1 中国 SE 环氧沥青研发和应用简介

东南大学科研团队通过深入研究，将美国 ChemCo System 公司生产的环氧沥青材料成功应用于南京长江第二大桥钢桥面铺装。南京长江第二大桥建设时为中国第一大跨径斜拉桥，也是世界第四大跨径斜拉桥。南京长江第二大桥是我国首座钢桥面铺装取得成功的大桥，为随后建设的大桥积累了宝贵的经验。此后，环氧沥青混合料成为我国大多数大跨径桥梁钢桥面铺装的首选材料，如润扬长江大桥（南汊主桥主跨 1490m 悬索桥，北汊主桥主跨 406m 斜拉桥），武汉阳逻长江大桥（主跨 1280m 悬索桥），苏通长江公路大桥（主跨 1088m 斜拉桥），浙江舟山西堠门大桥（主跨 1650m 悬索桥）等数十座大跨径桥梁都采用环氧沥青混合料作为钢箱梁桥面铺装材料，并获得了成功。

然而，上述桥梁的桥面铺装用环氧沥青材料均由美国进口，一方面价格昂贵，另一方面，我国跨江跨海大桥处于不同的地理位置，覆盖高温潮湿与严寒干燥地区，需要根据不同桥梁所在区域特点对材料进行性能调配，而进口材料存在性能单一、成品材料难以二次调配的问题，难以满足不同使用工况的要求。

东南大学科研团队经过长期深入研究，形成了“材料-结构-设计-施工-运维”成套关键技术[1-8]，特别在深入研究环氧沥青桥面铺装应用技术的同时，始终致力于新型环氧沥青的研究，开发具有自主知识产权并能满足我国多样化工程建设需求的环氧沥青生产技术。同时，国内相关高校和科研单位研究人员也分别就环氧沥青的配制技术进行了较为广泛的研究，取得了多方面的研究战果。考虑到东南大学科研团队的研究工作开展得最早[9-11]，研究和应用领域最为广泛，本章介绍的中国环氧沥青的基本性能主要为东南大学科研团队开发的 SE 环氧沥青产品性能，同时也简要介绍了产品的具体工程应用。

东南大学科研团队的闵召辉是我国第一位将环氧沥青配制及应用技术作为研究选题的博士[12]，他深入研究了环氧沥青配制和工业生产的核心技术，通过对沥青进行顺酐化改性，较好地解决了沥青与环氧树脂的相容性难题，同时对固化剂进行了复配，首次在国内成功配制出热固性 SE 环氧沥青。闵召辉博士对工业化生产工艺也进行了深入研究，于 2004 年实现了热固性 SE 环氧沥青的工业化量产，并成功应用于大跨径桥梁钢桥面铺装。随后东南大学科研团队为了将 SE 环氧沥青推广应用至钢桥面铺装以外的工程，对各类用途的SE环氧沥青产品及其混合料的性能与应用技术做了大量的开创性研究，SE环氧沥青产品在许多工程领域得到应用[13-15]。

SE环氧沥青首个较大规模应用工程是天津海河上的富民桥钢桥面铺装，由东南大学科研团队提供技术支持，天津城建滨海路桥有限公司负责施工。富民桥建设单位选用第一代SE环氧沥青材料主要基于以下原因：SE环氧沥青各项技术指标与美国环氧沥青相当，价格较进口产品大幅降低；SE环氧沥青混合料具有更长的容留时间，其运输可以适应较为复杂的城市交通环境。韩振勇等对富民桥用SE环氧沥青及其混合料的性能和工程实施进行了研究[13]。表9-1是富民桥建设单位对第一代SE环氧沥青性能的检测结果，表9-2为SE环氧沥青混合料性能检测结果。工程实践表明，SE环氧沥青混合料相比美国环氧沥青混合料的施工容留时间更长，混合料的温度范围由美国产品的110～120℃拓展到110～130℃，因此施工的便利性更好，见表9-3。富民桥钢桥面铺装于2007年完成，桥面铺装状况很好，至今未进行大修。

天津富民桥第一代SE环氧沥青性能检测结果 表9-1

技术指标	技术要求		检测结果		试验方法
	黏结层用	结合料用	黏结层用	结合料用	
质量比(A组分：B组分)	100：245	100：286	100：245	100：286	—
抗拉强度(23℃)(MPa)	≥6.8	≥1.5	8.1	2.45	ASTM D638
断裂时的延伸率(23℃)(%)	≥190	≥200	208	236	ASTM D638
热固性(300℃)	不熔化	不熔化	不熔化	不熔化	小试件放置在热板上
膨胀比(23℃)(%)	≤3.0	≤3.5	1.5	1.8	特殊规程
浸耗率(23℃)(%)	≤35	≤35	15	12	特殊规程
吸水率(7d,23℃)(%)	≤0.3	≤0.3	0.1	0.1	ASTM D570
在荷载作用下的热挠曲温度(℃)	-25～-18	-25～-18	-21	-22	ASTM D648，在油浴中用干冰将试件预冷至-70℃
黏度增加至1Pa·s(120℃)的时间(min)	5～10	≥45	10	48	ASTM D2983

天津富民桥 SE 环氧沥青混合料性能检测结果　　表 9-2

指标名称	固化情况	本项目产品	美国产品*
马歇尔稳定度	固化试件	≥45.0kN(实测 57kN)	≥40.4kN
	未固化试件	≥7.50kN	≥5.34kN
马歇尔流值	固化试件	≥2.0mm	≥2.0mm
	未固化试件	≥2.0mm	≥2.0mm
复合梁疲劳试验	固化试件,23℃	1200 万次以上	1200 万次以上

注:* 美国 ChemCo System 公司产品,产品性能数据来自 ChemCo System 网页资料。

SE 环氧沥青混合料不同温度下的容留时间　　表 9-3

温度(℃)	最短容留时间(min)	最长容留时间(min)	容留时间范围(min)
110	42	90	48
111	42	87	45
112	41	84	43
113	40	82	42
114	39	79	40
115	38	76	38
116	37	75	38
117	35	74	39
118	33	72	39
119	32	71	39
120	30	70	40
121	30	69	39
122	30	68	38
123	30	67	37
124	30	66	36
125	30	65	35
126	30	63	33
127	30	61	31
128	30	59	29
129	30	57	27
130	30	55	25

鉴于SE环氧沥青在富民桥钢桥面铺装得到成功应用,加之SE环氧沥青价格较美国产品大幅降低,SE环氧沥青陆续在武汉天兴洲长江大桥[14-17](双塔三索面公铁两用斜拉桥,主跨达504m,始建于2003年12月,2009年12月通车运营,全桥长4657.1m,上层为六车道高速公路,下层为四线高速铁路,大桥的公路桥面主梁中部756m正交异性钢桥面板采用上面层2.5cm+下面层3.5cm的双层SE环氧沥青铺装结构),上海长江大桥[18](主跨为730m斜拉桥,跨江正桥长9.97km,桥面为双向六车道高速公路),上海闵浦大桥[19](主跨为708m斜拉桥,宽44m,上层为双向八车道高速公路,下层为双向六车道城市快速路)等多座桥梁中得到应用。钱振东等分析比较了上述工程采用的优化后的SE环氧沥青及其混合料与美国产品的基本性能[20-21],见表9-4。由表可见,优化后的SE环氧沥青及其混合料与美国产品的性能大体相当。

优化后的SE环氧沥青及其混合料与美国产品的比较 表9-4

技术指标			技术要求	优化后的SE环氧沥青	美国环氧沥青
环氧沥青	极限抗拉强度	23℃,MPa	≥1.5	4.14	3.47
	断裂延伸率	23℃,%	≥200	229	282
	黏度增加至1000mPa·s的时间	120℃,min	≥40	111	84
环氧沥青混合料	马歇尔稳定度	60℃,kN	≥40	59.8	63.6
	劈裂劲度模量	25℃,MPa	—	927	1113.6
		-15℃,MPa	—	3575.3	3774
	弯曲劲度模量	15℃,MPa	—	1463	2574
铺装结构	拉拔强度	20℃,MPa	≥2.75	3.04	3.17
		60℃,MPa	≥1.75	1.98	1.53
	疲劳寿命	万次	—	>2000	>1200

9.2 多类型SE环氧沥青产品研发

在成功开发SE环氧沥青产品时,东南大学科研团队对SE环氧沥青的应用技术进行了系统深入的研究。在环氧沥青混合料设计方面,相继研发了适用于公路钢桥面铺装、水泥混凝土桥面铺装、隧道路面、机场道面的系列SE环氧沥青混合料,拓宽了国产环氧沥青的应用领域。此外,东南大学科研团队不断开展SE环氧沥青混合料性能优化研究,相继研发出抗滑性能优异的骨架密实型环氧沥青混合料、具备良好低温性能的玄武岩纤维改性环氧沥青混合料与橡胶改性环氧沥青混合料、专用于铺装坑槽修复的高耐久性环氧沥青砂浆材料,以及快速提高钢桥面铺装表面功能的环氧沥青碎石薄层罩面。

在开发大跨径桥梁钢桥面铺装用环氧沥青的同时,东南大学科研团队还开发了水泥混凝土桥梁防水黏结层用环氧沥青[22],并且得到广泛的应用,取得了良好的效果,如在苏通长江公路大桥引桥上成功应用。苏通长江公路大桥水泥混凝土引桥具有长度较长、连续坡度较大的特点,水泥混凝土桥面铺装的高温稳定性是面临的重大挑战。苏通长江公路大桥建设单位选用了 SE 环氧沥青作为水泥混凝土引桥铺装结构的黏结层,作为比较,同时还选用了某科研企业生产的“特制改性沥青”黏结材料。实践表明,“特制改性沥青”黏结材料在通车的首个高温季即全面破坏,并不得不重新铺筑水泥混凝土引桥的桥面铺装,而采用 SE 环氧沥青黏结层的铺装一直保持良好的功能状态。

水泥混凝土桥面铺装黏结层所用 SE 环氧沥青与钢桥面铺装所用环氧沥青有所不同,其环氧体系(环氧树脂及固化剂的成分)含量相对较少,即沥青含量较高,因此其成本也会随着环氧体系含量的减少而降低。降低环氧沥青的成本是推广应用国产环氧沥青的重要环节,在降低环氧体系含量的同时,黏结材料的黏结性能也会有所下降,但仍然显著高于传统类型的黏结材料,这得益于环氧沥青的热固性和高黏性。特别是其他热融性黏结材料,在高温时(如 60℃),黏结力已基本丧失,黏结层热融成了润滑层。SE 环氧沥青作为热固性黏结材料完全可以满足水泥混凝土桥面铺装对黏结材料的工程性能要求,因此 SE 环氧沥青很快在水泥混凝土桥面铺装中得到大量推广应用,解决了热融性防水黏结层材料因高温性能差、黏结强度低而易造成铺装层破坏的难题。王新明、黄卫通过对高剂量苯乙烯-丁二烯橡胶(SBR)改性沥青和 SE 环氧沥青进行拉伸、剪切和拉拔对比试验[23],发现 SE 环氧沥青的抗拉强度与抗剪强度均较 SBR 改性沥青大,并且黏结力强,受高温等因素的影响相对较小,是一种优良的桥面防水材料。肖桂元等以苏通长江公路大桥水泥混凝土引桥桥面工程为依托,对 SE 环氧沥青防水层材料的黏结性能、力学性能做了较为系统的研究,并与苯乙烯-丁二烯-苯乙烯嵌段共聚物(SBS)改性沥青和 FYT 禹王防水黏结材料进行了对比[24]。表 9-5 是三种防水黏结材料在 20℃时抗剪切强度的试验结果。试验结果表明,SE 环氧沥青防水黏结材料的抗剪强度远远大于 SBS 改性沥青和 FYT 禹王防水黏结材料的抗剪强度。

三种防水黏结材料的抗剪强度(20℃) 表 9-5

材料类型	抗剪强度(MPa)			抗剪强度平均值(MPa)
	试件 1	试件 2	试件 3	
SE 环氧沥青	2.01	1.95	1.98	1.98
SBS 改性沥青	0.43	0.42	0.33	0.39
FYT 禹王	0.32	0.37	0.30	0.33

不同温度条件下的拉拔试验是分析防水黏结层性能的重要方法,表 9-6 是三种材料在 20℃和 50℃条件下的拉拔试验结果。可以看出 SE 环氧沥青的黏结强度远高于其他两类材料,在 20℃时黏结层界面的强度大于混凝土的拉拔强度。因此拉拔试验的破坏面出现在混凝土内部,特别是在 50℃时,SBS 改性沥青和 FYT 禹王防水黏结材料基本上已丧失了黏结能力,甚至可能在层间界面上形成起润滑作用的滑动层。

三种防水黏结材料在不同温度下的拉拔强度 表 9-6

材料类型	试验温度(℃)			
	20		50	
	拉拔强度(MPa)	破坏面位置	拉拔强度(MPa)	破坏面位置
SE 环氧沥青	1.98	水泥混凝土内	0.73	黏结面
SBS 改性沥青	0.98	黏结面	流淌	—
FYT 禹王	0.83	黏结面	0.08	黏结面

SE 环氧沥青在水泥混凝土桥梁桥面防水黏结层得到成功应用的同时,东南大学科研团队还开发了用于水泥混凝土桥面铺装和高速公路路面的新型环氧沥青[25-26]。其中,水泥混凝土桥面用 SE 环氧沥青结合料的相关技术要求与试验结果见表 9-7。水泥混凝土桥面铺装用环氧沥青根据水泥混凝土桥面铺装的受力特点和工况,对固化体系进行了调整和优化,在满足水泥混凝土桥面铺装性能要求的前提下,酌情减少了环氧体系的用量,加大了沥青的用量,使得环氧沥青的成本显著下降,进一步推动了该产品的广泛使用。SE 环氧沥青混合料成功解决了传统水泥混凝土桥面铺装层间黏结易脱层、高温稳定性与抗疲劳性能不足等难题,实现了铺装结构高温抗剪、低温抗裂与抗疲劳等性能的全面提高,显著提升了水

泥混凝土桥面铺装的使用寿命。

水泥混凝土桥面用 SE 环氧沥青结合料技术要求与试验结果　　表 9-7

技术指标	试验值	技术要求
抗拉强度(23℃)(MPa)	1.23	≥1.0
断裂延伸率(23℃)(%)	151	≥100
热固性(300℃)	不熔化	不熔化
浸耗率(23℃)(%)	29	≤35
吸水率(7d,23℃)(%)	0.087	≤0.3
黏度增加至 1000mPa·s(120℃)的时间(min)	123	≥50

为减轻桥面铺装的重量,东南大学科研团队利用轻质陶粒替代部分粒径的天然矿质集料,成功配制了轻质陶粒环氧沥青混合料[27]。陶粒的掺加并未显著降低环氧沥青混合料的路用性能,反而对其高温性能有所改善,且轻质陶粒环氧沥青混合料的应用将桥面铺装自重减轻 25% 以上,材料成本降低 10% 以上。轻质陶粒环氧沥青混合料成功应用于天津海河开启桥(世界上最大的立转式开启桥)的钢桥面铺装。天津海河开启桥被称为"时起时卧的动感桥梁",桥面经常处于变形、位移、振动的状态之中,因此钢桥面铺装材料应具有极高的黏结力、抗剪切力且具有自重轻的特点,国内无经验借鉴,经过东南大学科研团队的技术攻关,成功研发了轻质陶粒环氧沥青混合料。轻质陶粒环氧沥青混合料铺装可推广应用于超大跨径桥梁,在保证桥面铺装高性能的同时,又能有效减轻桥梁恒载。

9.3 新型超强高韧环氧沥青(HPEP)性能

南京长江第二大桥钢桥面环氧沥青铺装取得成功后,我国国产环氧沥青早期开发的技术路径总体上参照了美国环氧沥青配制的技术思路,其特点是:

(1)解决好环氧树脂与沥青的相容性是配制环氧沥青的技术关键之一。

(2)采用酸酐类固化剂,属于高温固化。

(3)环氧沥青混合料的拌和温度在 120℃左右,属于中温拌和混合料,对于节能减排十分有益。

(4)环氧沥青混合料的早期强度增长较慢,开放交通常要30d左右。对于已开放交通的桥梁而言,维修工程一般希望配制固化速度更快的环氧沥青产品。

虎门大桥等桥梁通车后不久,钢桥面铺装即发生大面积破坏,不得不重新铺筑。鉴于美国环氧沥青铺装养生至开放交通的时间较长,建设方选择引进日本KD环氧沥青,该环氧沥青产品通常在养生10d左右即可开放交通。实质上,这类环氧沥青采用了中温胺类固化剂,其拌和温度通常在170℃以上,因此能耗和排放较酸酐类环氧沥青大幅增加。

为满足快速开放交通的需求,东南大学科研团队也研究开发了固化速度快、初期强度高,能尽快开放交通的新型超强高韧环氧沥青(HPEP),并在桥面铺装、机场道面、高速公路和高速铁路工程中得到了大量应用。

HPEP环氧沥青的特点如下:

(1)环氧沥青强度高,韧性好。

(2)环氧沥青混合料高温、疲劳、水稳定性等路用性能优异。

(3)环氧沥青及其混合料低温性能取得重大突破,-10℃时环氧沥青的断裂延伸率大于100%,环氧沥青混合料小梁极限弯拉应变大于3000με。

(4)环氧沥青及其混合料可施工时间长,混合料的可施工时间超过4h,早期强度高,施工完成后,可即时开放交通。

(5)可根据应用场景需求对材料成本进行调控。

(6)材料无毒性,环氧沥青生产无废固、废水、废气排放,实现了绿色生产。

表9-8是高性能快速开放交通的HPEP环氧体系B系列部分产品的性能,表9-9是高性能快速开放交通的HPEP环氧沥青B系列部分产品的性能。表9-10是高性能快速开放交通的HPEP环氧沥青EA系列部分产品的性能。这款环氧沥青的沥青含量是60%,其重要的特点是环氧沥青混合料的施工适用期长,可施工时间可以超过4h,混合料的初期强度高,可即时开放交通。表9-11是高性能快速开放交通的HPEP环氧沥青EAA系列部分产品的性能。这款环氧沥青的沥青含量是60%,其重要的特点是环氧沥青混合料的低温性能好,-10℃的拉伸试验断裂延伸率大于100%,施工适用期长,可施工时间可以超过4h,混合料的初期强度高,可即时开放交通。

高性能 HPEP 环氧体系 B 系列部分产品性能 表 9-8

产品型号	测试温度:23℃			
	60℃固化 24h		60℃固化 96h	
	拉伸强度(MPa)	断裂延伸率(%)	拉伸强度(MPa)	断裂延伸率(%)
3B41	3.26	275	7.13	210
7B41	4.69	331	7.11	275
6B41	5.22	327	5.76	284
7B405	4.72	307	8.40	200

高性能 HPEP 环氧沥青 B 系列部分产品性能 表 9-9

产品型号	沥青含量(%)	测试温度:23℃			
		60℃固化 24h		60℃固化 96h	
		拉伸强度(MPa)	断裂延伸率(%)	拉伸强度(MPa)	断裂延伸率(%)
3B41-50	50	2.94	306	5.06	296
7B405-50	50	4.06	531	5.93	388
8B405-50	50	4.76	495	6.72	309
7B40-60	60	1.42	570	4.55	291
8B405-50	60	2.30	399	5.04	280

高性能 HPEP 环氧沥青 EA 系列部分产品性能 表 9-10

产品型号	沥青含量(%)	60℃固化 96h			
		测试温度:-10℃		测试温度:23℃	
		拉伸强度(MPa)	断裂延伸率(%)	拉伸强度(MPa)	断裂延伸率(%)
EA3862-60	60	11.61	96.9	4.08	191.8
EA4060-60	60	11.10	115.7	3.70	255.2

高性能 HPEP 环氧沥青 EAA 系列部分产品性能 表 9-11

产品型号	沥青含量(%)	60℃固化 96h			
		测试温度:-10℃		测试温度:23℃	
		拉伸强度(MPa)	断裂延伸率(%)	拉伸强度(MPa)	断裂延伸率(%)
EAA4060-60	60	12.42	90.1	4.64	184.0
EAA4160-60	60	11.39	127.3	4.32	217.1
EAA4260-60	60	10.42	151.2	3.87	231.4
EAA4360-60	60	9.86	175.7	3.57	251.7

闵召辉、谢佳钦等开发了专门用于高速铁路轨道板灌缝料的环氧沥青[28-30]，并在多条高速铁路线路上得到应用，成功解决了高速铁路轨道板接缝渗水导致的唧泥、冻胀等病害难题。环氧沥青在铁路工程中的应用研究还拓展到将专门配制的环氧沥青材料用于铁路固化道床和无砟轨道基础的建设中[31-33]，主要聚焦于环氧沥青混合料结构替换传统 CRTS-I 型板式无砟轨道的水泥混凝土轨下基础结构。研究表明，采用环氧沥青混合料能够满足高速铁路无砟轨道轨下基础结构对材料强度、温度稳定性、防渗、抗水损害等方面的要求，并且强度远高于设计指标要求。此外，采用环氧沥青混合料轨下基础结构可以减小钢轨振动以及基床表面应力和位移。

9.4 中国 SE 环氧沥青机场道面简介

东南大学科研团队一直致力于环氧沥青机场道面的研究，开发了适用于机场道面的环氧沥青材料[34-39]。同时，为推广和指导环氧沥青在机场道面中的应用，中国民用航空局发布了由东南大学主编的《机场环氧沥青道面设计与施工技术规范》(MH/T 5041—2019)，自 2019 年 12 月 1 日起施行。由于新建机场道面可以设置一定的养生期，因此酸酐类高温固化的环氧沥青得以应用。现有机场道面的维修或大修通常要求不停航施工，可施工时间只在夜间没有航班飞行的数小时，这对于环氧沥青混合料的快速固化、初始强度、容留时间、施工工艺等都是重大挑战。东南大学和相关建设方、施工单位进行了合作研究，在苏南硕放国际机场采用专门开发的快速固化环氧沥青进行不停航施工，取得了较好的工程效果。

王建南、刘银辉依托苏南硕放国际机场道面大修工程，对机场道面环氧沥青性能进行了研究[40]。苏南硕放国际机场道面加铺工程采用不停航施工方法，夜间完成施工后即于第二天早晨按原飞行计划开放航班，加铺结构为在原沥青道面上洒铺环氧沥青黏结层后，加铺 6cm ESMA。对加铺的环氧沥青道面开展了为期 23d 的观测，并将现场施工的环氧沥青混合料成型马歇尔试件，放置于道面附近区域进行自然养生，定期测定试件的马歇尔强度，研究自然养生条件下强度的增长规律。观测期间，无锡地区温度为 5～25℃，以晴天为主，自然养生的马歇尔强度增长趋势见图 9-1。由图可知，自然养生条件下 SE 环氧沥青混合料的马歇尔强度在 23d 可达 50kN 以上。

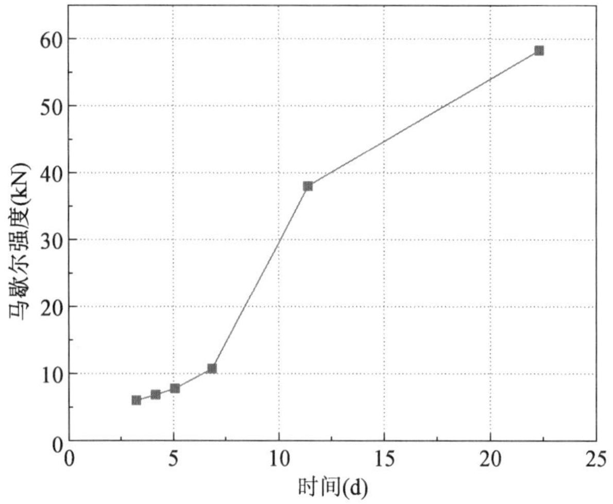

图 9-1　SE 环氧沥青混合料马歇尔强度增长趋势

表 9-12 是机场环氧沥青道面开放交通 8 个月后的现场检测结果，各项指标均能满足技术要求。文献通过国内多个机场调研[40]，对常规沥青及环氧沥青混合料铺装直接成本进行了分析，机场跑道长 3000m、宽 50m（面积 $1.5\times10^5m^2$），道面设计厚度为 6cm（ESMA-13）+9cm（AC-20），按不停航施工方式进行施工组织。经济效益分析认为，环氧沥青道面前期造价较高，后期维修、养护费用很低，道面使用年限能达到 30 年，安全性、实用性较高，设计年限内对机场运营基本无影响，综合经济和社会效益优于传统的沥青道面。

苏南硕放国际机场环氧沥青道面现场检测结果　　表 9-12

序号	检测项目		设计要求	检测点数	合格点数	检测结果	平均值
1	平整度（最大间隙）（mm）	东	≤3	10	10	1.6/1.4/1.8/2.0/1.8/2.0/2.2/1.6/1.2/1.4	1.7
		西	≤3	10	10	1.8/1.8/1.6/1.8/2.2/2.0/1.6/1.8/1.6/1.6	1.8
2	摩擦系数（BPN）	东	≥45	3	3	74/75/74	74
		西	≥45	3	3	77/76/76	76
3	渗水系数（mL/min）	东	不渗水	3	3	0/0/0	0
		西	不渗水	3	3	0/0/0	0

续上表

序号	检测项目		设计要求	检测点数	合格点数	检测结果	平均值
4	构造深度TD(mm)	东	≥0.55	3	3	1.3/1.3/1.4	1.3
		西	≥0.55	3	3	1.4/1.4/1.5	1.4

9.5 中国环氧沥青研究与应用总结

对环氧沥青的研究和应用做如下归纳：

按照环氧沥青生产的技术路线进行分类，SE 环氧沥青可以分为酸酐类固化剂为主体的环氧沥青、胺类固化剂为主体的环氧沥青、复配固化剂类环氧沥青三类。

(1)酸酐类固化剂为主体的环氧沥青。此类环氧沥青属高温固化类，强度和断裂延伸率技术指标优异，混合料的拌和温度通常在 110~130℃，混合料的各类力学指标都能较好满足工程技术要求。实践表明其耐久性也表现优异，但在自然条件下其固化相对较慢，达到完全固化通常要 30d 左右(与固化的温度条件有密切关系)，因此这类环氧沥青适合于新建工程。

(2)胺类固化剂为主体的环氧沥青。此类环氧沥青属中温固化类，当组分配比适当时，也能较好满足工程要求。其优点是固化速度较快，7~10d 可开放交通。施工人员反映进口的胺类固化剂环氧沥青在施工中存在较大毒性，因此在应用时应注意劳动防护。国产类产品通过选用无毒或较小毒性的胺类固化剂较好地解决了该问题。EAA 环氧沥青的初期强度高，施工完成后可以即时开放交通。

(3)复配固化剂类环氧沥青。此类环氧沥青根据工程技术要求对固化剂进行复配，使得产品在高温性能或高流动性(灌封类产品)或高弹性等方面能够满足工程技术要求。

若按照使用用途分类，则国产 SE 环氧沥青可分为：

(1)钢桥面铺装用环氧沥青；

(2)钢桥面防水黏结层用环氧沥青；

(3)水泥混凝土桥面铺装用环氧沥青；

(4)水泥混凝土桥面防水黏结层用环氧沥青；

(5)长寿命高速公路路面用环氧沥青；

(6)机场道面用环氧沥青；

(7)无缝伸缩装置用高强高弹环氧沥青；

(8)高速铁路和机场道面用灌缝类环氧沥青；

(9)钢渣路面用环氧沥青；

(10)旧沥青混合料再生用环氧沥青；

(11)高速铁路固化道床用环氧沥青等。

目前中国是环氧沥青应用量最大、工程应用范围最广、研究最为系统的国家。除了科技界深入研究以外,工业生产领域仍需加强投入,工程应用领域要更加勇于创新。可以预计,未来环氧沥青将得到更广泛的应用,解决工程界的更多难题。

参考文献

[1] W HUANG,M PEI,X LIU,et al. Design and construction of super-long span bridges in China: Review and future perspectives[J]. Front. Struct. Civ. Eng,2020,14(4):803-838.

[2] HUANG,WEI. Integrated Design Procedure for Epoxy Asphalt Concrete-Based Wearing Surface on Long-Span Orthotropic Steel Deck Bridges[J]. Journal of Materials in Civil Engineering, 2016,28(5):04015189.

[3] 闵召辉,黄卫,钱振东. 环氧沥青蠕变力学模型研究[J]. 公路交通科技,2008,25(12): 71-75.

[4] 贾辉,陈志明,亢阳,等. 高性能环氧沥青材料的绿色制备技术[J]. 东南大学学报(自然科学版),2008,38(3):496-499.

[5] 陈先华,黄卫,游庆仲,等. 环氧沥青粘结层施工均匀性的影响因素与改善措施[J]. 公路交通科技(应用技术版),2008(1):148-149,158.

[6] 王新明,黄卫. 环氧树脂沥青桥面防水材料性能研究[J]. 公路交通科技,2007,24(11): 33-36.

[7] 闵召辉,黄卫. 环氧沥青的粘度与施工性能研究[J]. 公路交通科技,2006,23(8):5-8.

[8] 李兴龙,黄卫. 环氧沥青混凝土钢桥面铺装的施工质量控制[J]. 施工技术,2005,34(5): 59-61.

[9] 黄卫,陈志明. 高速公路及道桥用环氧沥青材料及其制备方法:CN200310106597. X[P]. 2004-11-17.

[10] 黄卫,陈志明.道桥用热固性环氧沥青材料及其制备方法:CN200610039988.8[P].2006-09-27.
[11] 黄卫,闵召辉.一种环氧化物改性沥青材料及其制备方法和使用方法:CN201310366476.2[P].2014-01-01.
[12] 闵召辉.热固性环氧树脂沥青及沥青混合料开发与性能研究[D].南京:东南大学,2004.
[13] 韩振勇,蒋学奎,刘跃,等.天津富民桥钢桥面国产环氧沥青混凝土铺装技术[J].桥梁建设,2008(5):71-74,81.
[14] 陈磊磊,钱振东,王建伟,等.国产环氧沥青混凝土施工关键技术研究[J].施工技术,2010,39(10):74-76.
[15] 张勇,钱振东,罗桑.国产环氧沥青混合料在钢桥面铺装中的应用[J].上海公路,2008(2):23-26.
[16] 王建伟,沈家林,钱振东.国产环氧沥青混合料施工控制[J].东南大学学报(自然科学版),2009,39(6):1226-1230.
[17] 彭志房.武汉天兴洲长江大桥防水设计与施工技术研究[J].中国建筑防水,2017(2):27-30.
[18] 翁东玲,曾利文.上海长江隧桥国产环氧沥青施工质量控制[J].广东交通职业技术学院学报,2011,10(3):6-10.
[19] 陈春,钱振东,罗桑,等.闵浦大桥钢桥面环氧沥青混凝土铺装施工质量控制[J].上海公路,2010(1):14-16.
[20] 钱振东,刘云,郑彬.大跨度公铁两用斜拉桥公路桥面铺装层受力特点分析[J].土木工程学报,2011,44(6):138-142.
[21] 钱振东,陈磊磊.国产环氧沥青混凝土在钢桥面铺装中的应用技术[J].中国科技成果,2009,10(21):25-27.
[22] 李喆.国产环氧沥青防水粘结材料在水泥混凝土桥面应用研究[D].南京:东南大学,2005.
[23] 王新明,黄卫.环氧树脂沥青桥面防水材料性能研究[J].公路交通科技,2007,24(11):33-36.
[24] 肖桂元,严建和,陈学军,等.水泥混凝土路面国产环氧沥青防水层的性能分析[J].桂林理工大学学报,2013,33(3):482-487.
[25] 翟洪金.水泥桥用环氧沥青的制备及应用[D].南京:东南大学,2011.
[26] 尹祖超.路面用环氧沥青混合料组成设计及试验研究[D].南京:东南大学,2009.
[27] 江陈龙.高性能陶粒环氧沥青混合料性能研究[D].南京:东南大学,2009.
[28] 谢佳钦,闵召辉,王祺昌,等.CRTSⅢ型板式无砟轨道底座伸缩缝用环氧沥青填缝密封胶

性能研究[J].铁道建筑,2021,61(7):127-130.

[29] 东南大学,中国国家铁路集团有限公司,中国铁道科学研究院集团有限公司铁道建筑研究所.一种高速铁路无砟轨道用环氧沥青密封材料及其制备方法:CN202110762651.4[P].2021-08-24.

[30] 东南大学.一种适用于嵌入式轨道的环氧橡胶沥青填充材料及其制备方法与应用:CN202110547343.X[P].2021-08-24.

[31] 刘昕依.环氧沥青混凝土在高速铁路无砟轨道轨下基础中的应用[D].南京:东南大学,2015.

[32] 东南大学.应用于预制弹性道床结构的沥青混凝土、试样及制备方法:CN202110436620.X[P].2021-08-06.

[33] 东南大学.一种弹性固化道床材料及其室内试件成型制作方法:CN202110424618.0[P].2021-08-20.

[34] 东南大学.旧水泥机场跑道加铺沥青层的机场道面结构及其铺装方法:CN202110489215.4[P].2021-08-10.

[35] 曾靖.机场跑道环氧沥青混凝土道面结构的关键性能研究[D].南京:东南大学,2013.

[36] 孙磊.不停航施工条件下机场道面环氧沥青混合料的性能研究[D].南京:东南大学,2019.

[37] 东南大学.一种适用于机场道面的环氧沥青玛蹄脂碎石混合料及其制备方法:CN202010361304.6[P].2020-08-25.

[38] 王正奇.机场道面加铺层环氧沥青玛蹄脂碎石混合料性能研究[D].南京:东南大学,2020.

[39] 钱振东,孟凡奇,曾靖.高性能沥青混凝土机场道面结构[J].东南大学学报(自然科学版),2015(3):575-580.

[40] 王建南,刘银辉.机场环氧沥青道面性能研究及工程应用[J].民航学报,2021,5(4):50-53,35.

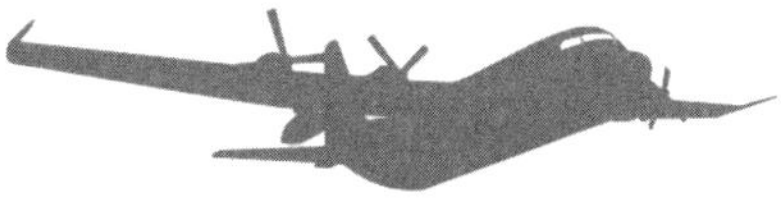

CHAPTER 10

第10章

环氧沥青混合料强度特性

10.1 马歇尔稳定度

《民用机场沥青道面设计规范》(MH/T 5010—2017)规定,我国沥青道面结构设计应针对轮辙和疲劳开裂两类损坏模式分别进行控制,因此研究环氧沥青混合料的强度特性十分重要。为了更好地认识环氧沥青混合料的强度特性,选择了马歇尔稳定度、劈裂强度、弯曲强度、抗压强度等指标进行分析。

《民用机场沥青道面设计规范》(MH/T 5010—2017)和《机场环氧沥青道面设计与施工技术规范》(MH/T 5041—2019)对马歇尔稳定度等指标做了规定,见表 10-1 和表 10-2。

MH/T 5010—2017 对沥青混合料的成型与技术要求 表 10-1

项目	成型与技术要求				试验方法
	AC	SMA	ATB-25	ATB-30	
击实次数(双面)(次)	75	75	75	112	JTG E20 T 0702
试件尺寸(mm)	ϕ101.6×63.5	ϕ101.6×63.5	ϕ101.6×63.5	ϕ152.4×95.3	JTG E20 T 0702
稳定度(kN)	>9.0	6	7.5	15	JTG E20 T 0709
流值(0.1mm)	20~40	实测	15~40	实测	JTG E20 T 0709
空隙率(%)	3~5	3~4.5	3~6	3~6	JTG E20 T 0705

MH/T 5041—2019 对机场道面环氧沥青混合料的成型与技术要求 表 10-2

项目	成型与技术要求		试验方法
	EAC	ESMA	
击实次数(双面)(次)	75	75	JTG E20 T 0702
试件尺寸(mm)	ϕ101.6×63.5	ϕ101.6×63.5	JTG E20 T 0702
稳定度(kN)	≥20(固化试件)	≥15(固化试件)	JTG E20 T 0709
流值(0.1mm)	15~50(固化试件)	实测(固化试件)	JTG E20 T 0709
空隙率(%)	1~5	3~5	JTG E20 T 0705

南京长江第二大桥钢桥面铺装工程通过马歇尔试验研究环氧沥青混合料的性能,并与常用的 SMA 和密级配改性沥青混合料的性能进行比较。表 10-3 是南京长江第二大桥钢桥面环氧沥青混合料成型马歇尔试件后放置了不同天数的试验结果[1],以及固化试件与 SMA 试件、改性 AC 试件结果的比较,试验期间平均室温为 15℃。由表 10-3 可知,在大约 15℃的环境气温条件下,该环氧沥青的自然固化时间大约为 30d。试件固化方法是将成型后的试件放入 120℃的恒温箱中 4h。

试验结果表明，环氧沥青混合料的固化强度是 SMA 和改性 AC 的 5 ~ 6 倍。大量研究均指出，马歇尔稳定度高是环氧沥青混合料最大的性能优势之一。

不同类型试件马歇尔稳定度试验结果 表 10-3

试件类型			密度 (g/cm^3)	稳定度 (kN)	流值 (0.1mm)	理论密度 (g/cm^3)	空隙率 (%)
环氧沥青混合料	未固化试件	成型 1d	2.562	10.7	44.7	2.603	1.57
		成型 3d	2.577	12.8	39.6	2.603	0.97
		成型 10d	2.517	17.3	54.2	2.603	3.34
		成型 30d	2.559	26.5	39.0	2.603	1.73
	固化试件		2.581	63.6	30.8	2.603	0.84
SMA 试件			2.506	8.6	50.3	2.613	3.84
改性 AC 试件			2.570	10.8	31.5	2.732	4.68
HPEP-EAA4060 环氧沥青混合料 (70% 沥青)			—	50.6	3.10	—	2.01
HPEP-EAA4060 环氧沥青混合料 (60% 沥青)			—	80.5	2.58	—	1.35

注：南京长江第二大桥钢桥面铺装研究采用的环氧沥青混合料为美国 ChemCo System 公司产品。

10.2 劈裂强度

沥青混合料的劈裂强度是温度和加载速率的函数，随温度的下降和加载速度的增大而提高，采用标准马歇尔法成型试件，试件的直径为 101.6mm ± 0.25mm，高 63.5mm ± 1.03mm，分别选用 25℃、0℃和 – 15℃进行劈裂试验，25℃时的加载速率为 50mm/min，0℃和 – 15℃时的加载速率为 1mm/min。南京长江第二大桥环氧沥青混合料固化进程中劈裂强度与固化天数的关系见图 10-1，同时与 SMA 和改性 AC 进行了比较，试验结果见表 10-4。表 10-5 给出了 0℃和 – 15℃时的劈裂试验结果。

南京长江第二大桥不同类型材料劈裂试验结果(25℃) 表 10-4

材料类型			最大荷载时的水平变形 (mm)	最大荷载 (kN)	空隙率 (%)	劈裂强度 (MPa)	劲度模量 (MPa)
环氧沥青混合料	固化过程试件	成型 1d	0.36	6.0	1.51	0.593	173.8
		成型 3d	0.24	7.2	1.33	0.701	239.3
		成型 7d	0.39	18.3	1.03	1.79	500.3

续上表

材料类型			最大荷载时的水平变形(mm)	最大荷载(kN)	空隙率(%)	劈裂强度(MPa)	劲度模量(MPa)
环氧沥青混合料	固化过程试件	成型15d	0.63	24.5	3.21	2.39	390.4
		成型30d	0.43	47.3	1.25	4.61	1110.2
		成型45d	0.35	54.7	1.64	5.39	1425.3
	固化试件		0.56	60.7	1.91	6.01	1113.6
改性AC试件			0.34	16.1	4.26	1.62	494.9
SMA试件			0.23	14.4	3.95	1.21	500.4
HPEP-EAA4060环氧沥青混合料(70%沥青)			0.39	48.5	2.06	4.88	1245.6
HPEP-EAA4060环氧沥青混合料(60%沥青)			0.55	71.2	1.52	73.42	1316.2

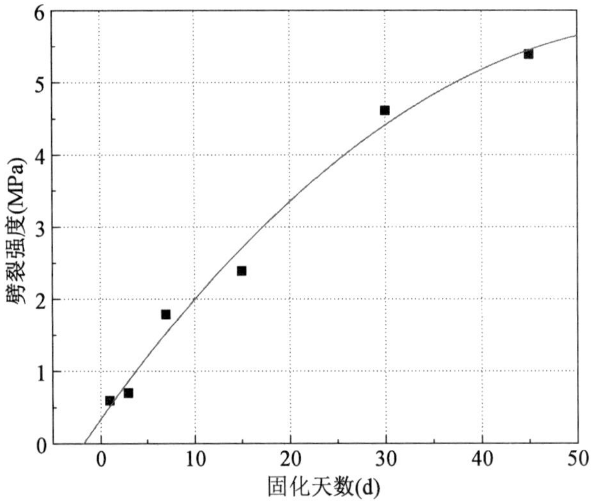

图10-1 南京长江第二大桥环氧沥青混合料固化进程中劈裂强度与固化天数的关系

南京长江第二大桥环氧沥青混合料劈裂试验结果(0℃、-15℃)　表10-5

温度(℃)	编号	最大荷载时的水平变形(mm)	最大荷载(kN)	空隙率(%)	劈裂强度(MPa)	劲度模量(MPa)
0	固化试件1	0.27	91.5	2.73	8.87	2981
	固化试件2	0.35	94.4	1.31	9.20	2384
	平均值	0.31	93.0	2.02	9.04	2683

续上表

温度（℃）	编　　号	最大荷载时的水平变形（mm）	最大荷载（kN）	空隙率（%）	劈裂强度（MPa）	劲度模量（MPa）
-15	固化试件 1	0.27	131.0	2.17	12.8	4288
	固化试件 2	0.36	132.2	1.96	13.0	3260
	平均值	0.315	131.6	2.07	12.9	3774

综合表 10-4 的试验数据，图 10-2 给出了环氧沥青混合料劈裂强度与温度的关系，同时计算得到劲度模量随温度增长的变化规律，如图 10-3 所示。

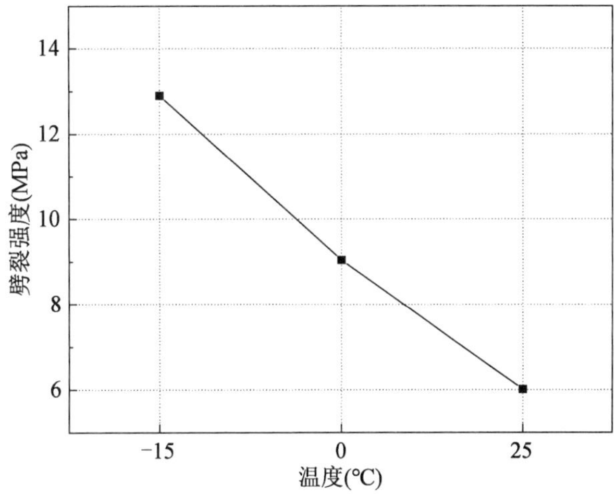

图 10-2　南京长江第二大桥环氧沥青混合料劈裂强度与温度的关系

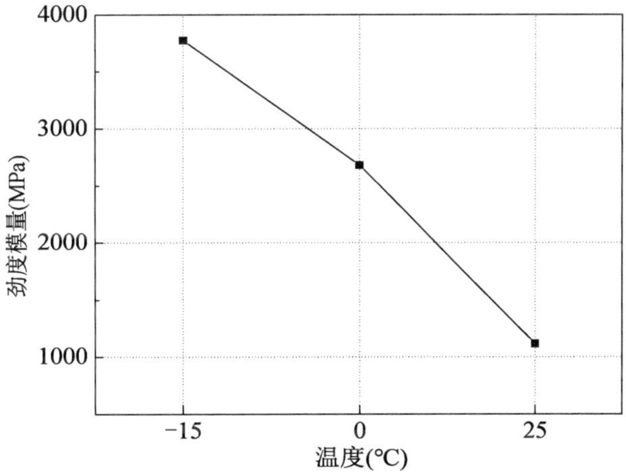

图 10-3　南京长江第二大桥环氧沥青混合料劲度模量与温度的关系

借鉴南京长江第二大桥钢桥面铺装经验，润扬长江大桥钢桥面铺装也采用了环氧沥青材料。为了深入开展桥面铺装的系统研究，东南大学科研团队与大桥建设指挥部按照大桥钢箱梁结构尺寸建造了专门的试验桥,用于开展系统的测试分析和施工工艺的论证。表 10-6、图 10-4 是润扬长江大桥试验桥铺装层钻芯取样的环氧沥青混合料劈裂试验结果[2]。

润扬长江大桥试验桥铺装层钻芯取样的环氧沥青混合料劈裂试验结果

表 10-6

温度(℃)	试件编号	空隙率(%)	最大荷载(kN)	劈裂强度(MPa)
15	1	2.87	60.7	6.01
	2	2.69	61.3	6.25
	3	2.77	60.1	6.14
	平均值	2.78	61.0	6.13
0	1	2.93	91.5	8.87
	2	2.71	94.4	9.20
	3	2.89	93.0	9.05
	平均值	2.84	92.9	9.04
-15	1	2.94	131.0	12.8
	2	2.98	132.2	13.0
	3	3.82	128.3	12.4
	平均值	2.91	129.8	12.7

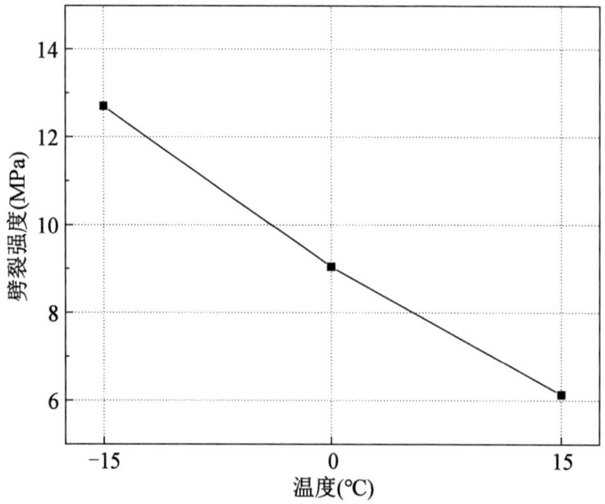

图 10-4 润扬长江大桥试验桥铺装层钻芯取样的环氧沥青混合料劈裂强度与温度的关系

分析试验结果可知,在温度从 15℃、0℃下降到 -15℃时,环氧沥青混合料的最大荷载和劈裂强度显著增加,最大荷载时的水平应变减小。但是 0℃和 -15℃

时的水平变形基本相当。研究表明环氧沥青混合料材料具有较好的温度稳定性，低温强度高，低温变形能力尚好，低温路用性能显著优于 SMA 和改性 AC。

10.3 弯曲强度

南京长江第二大桥钢桥面铺装研究采用环氧沥青混合料小梁弯曲试验评价其抗弯拉性能。试验按照《公路工程沥青及沥青混合料试验规程》(JTJ 052—93)中的“沥青混合料弯曲试验”(T 0715—93)规定的方法进行。试件采用轮碾法成型，切割成 250mm×30mm×35mm 的小梁。试验温度为 15℃，加载速率为 50mm/min，同时还进行了 SMA 和改性 AC 的对比试验。张晨等进行环氧沥青混合料的小梁低温弯曲试验，研究了不同温度下不同油石比环氧沥青混合料的弯曲强度、极限应变、弯曲劲度模量和弯曲应变能密度临界值[3]，试验结果见表 10-7。试验结果表明，环氧沥青混合料具有很高的弯曲强度，低温条件下仍具有较好的变形能力，特别是环氧沥青混合料的弯曲应变能密度临界值显著高于其他沥青混合料。

环氧沥青混合料小梁低温弯曲试验结果 表 10-7

温度(℃)	油石比(%)	弯曲强度(MPa)	极限应变(με)	弯曲劲度模量(MPa)	弯曲应变能密度临界值(10^{-2}MPa)	
					环氧沥青混合料	普通沥青混合料
0	6.0	32.1	3236	9942	5.91	1.75
	6.5	35.1	3918	8969	7.50	
	7.0	33.7	3383	9979	6.48	
-10	6.0	35.1	2823	12945	5.68	1.04
	6.5	33.4	2662	12546	4.89	
	7.0	33.0	2572	12871	5.08	
-20	6.0	33.7	2216	15770	4.05	0.24
	6.5	33.0	1800	21055	4.89	
	7.0	34.5	2388	15008	4.61	

罗桑等按照《公路工程沥青及沥青混合料试验规程》(JTJ 052—2000)进行了不同温度条件下环氧沥青混合料的小梁弯曲试验[4]。试验仪器采用 MTS810 试验机，试验温度为 60℃、40℃、20℃、0℃、-10℃、-15℃，加载速率为 50mm/min，小梁尺寸为 250mm×30mm×35mm。小梁弯曲试验环氧沥青混合料集料的级配范

围见表10-8，试验结果见表10-9。环氧沥青混合料有很高的弯曲强度，低温条件下（-10℃），极限应变一般情况下可以达到2500με。

小梁弯曲试验环氧沥青混合料集料级配范围　　表10-8

筛孔尺寸(mm)	16	13.2	9.5	4.75	2.36	0.6	0.075
集料通过率(%)	100	100	95~100	65~85	50~70	28~40	7~14

不同试验温度下环氧沥青混合料小梁弯曲试验结果　　表10-9

试验温度(℃)	弯曲强度(MPa)	极限应变(με)	弯曲劲度模量(MPa)	弯曲应变能密度临界值(10^{-2}MPa)
-15	36.10	2733	13349	4.31
-10	33.07	2500	13403	3.66
0	26.77	4437	6099	6.84
20	12.94	22700	581	19.40
40	4.51	20286	226	65.80
60	3.25	27433	120	57.20

通过相关研究成果，可以比较环氧沥青混合料与常用沥青混合料弯曲性能的差异性。韦佑坡等针对青藏公路所处地区的特殊气候环境，采用当地沥青路面常用的改性SBR，在不同级配、油石比和温度条件下进行沥青混合料的小梁弯曲试验[5]，研究沥青混合料弯曲强度随级配、油石比、温度的变化规律。不同级配沥青混合料弯曲试验结果见表10-10。表10-11是薛琳对不同油石比沥青混合料进行小梁弯曲试验的结果[6]。试验结果表明，级配和油石比对沥青混合料的弯曲强度和极限应变有显著影响，环氧沥青混合料的弯曲性能显著优于普通沥青混合料。

不同级配沥青混合料弯曲试验结果（-10℃）　　表10-10

级配类型	弯曲强度(MPa)	极限应变(με)	弯曲劲度模量(MPa)
AC-13	11.40	2920	3904
AC-16	12.60	3705	3400
SMA-16	12.80	3900	3282
EAC-13*	33.10	2500	13403
EAC-13(HPEP-EAA4060，70%沥青)	19.53	3050	7058

注：*EAC-13的试验结果引自文献[4]。

不同油石比沥青混合料小梁弯曲试验结果(-10℃)　　表10-11

油石比(%)	弯曲强度(MPa)	极限应变(με)	弯曲劲度模量(MPa)
6.0	11.05	2642	4209
6.5	12.14	3858	3147
7.0	11.89	3981	2986

10.4 抗压强度

南京长江第二大桥钢桥面铺装研究采用单轴压缩试验测量环氧沥青混合料的抗压强度,试件为 ϕ100mm×100mm 圆柱体,试验温度为20℃,加载速率为5mm/min。经测试,环氧沥青混合料的抗压强度为40MPa。

钱振东、黄卫采用《公路工程沥青及沥青混合料试验规程》(JTG E20—2011)中的"沥青混合料单轴压缩试验(圆柱体法)"(T 0713—2000)进行环氧沥青混合料的抗压强度试验[7]。试验采用直径100mm±2.0mm、高100mm±2.0mm的圆柱体试件,试验温度为15℃±0.5℃,加载速率为2mm/min。试验结果见表10-12。

不同类型沥青混合料抗压强度试验结果(15℃)　　表10-12

混合料类型	最大破坏荷载(kN)	抗压强度(MPa)
美国ChemCo环氧沥青混合料	308.8	40.1
日本KD环氧沥青混合料(50%沥青)	336.4	46.5
HPEP-EAA4060环氧沥青混合料(70%沥青)	318.6	40.5
HPEP-EAA4060环氧沥青混合料(60%沥青)	411.5	52.3
改性AC-13	70.3	6.5
改性SMA-13	86.7	7.1

10.5 强度特性总结

通过大量环氧沥青混合料试验研究并与其他类型的沥青混合料进行比较,可以得到如下结论:

(1)环氧沥青混合料马歇尔稳定度、劈裂强度、弯曲强度和抗压强度都远高于其他类型的沥青混合料。其中,固化后马歇尔稳定度和抗压强度可以比 SMA 和改性 AC 高出 5 倍左右。

(2)环氧沥青混合料的劈裂强度远大于 SMA 和改性 AC。环氧沥青混合料在最大荷载时的水平变形与 SMA 和改性 AC 相当,表明环氧沥青混合料既具有很高的强度,同时也具有较好的变形能力。

(3)由于环氧沥青的种类、混合料的级配和试验条件等因素的影响,相关试验数据并不完全一致。但是大量环氧沥青混合料小梁弯曲试验结果表明,环氧沥青混合料小梁弯曲强度远高于其他类型的沥青混合料。

(4)在 15℃环境下,南京长江第二大桥所用环氧沥青混合料大约需要 30d 才能达到固化强度,因此此类环氧沥青适用于工期可以满足固化时间要求的新建工程。维修工程及需要快速开放交通的工程宜选用固化速度更快的产品。

(5)近二十年来,高分子化工产品的发展,尤其是环氧树脂固化剂产品种类的增多和配制技术的快速发展,为配制各种性能要求的环氧沥青产品提供了空间。例如:可以配制固化时间更短、施工容留时间更长、低温时变形能力更好的环氧沥青产品,环氧沥青混合料的性能更加丰富,可以适应各类工程的要求。

参考文献

[1] 黄卫. 南京长江第二大桥钢桥面环氧沥青混凝土铺装技术及应用[Z]. 东南大学,2005.

[2] 曹睿明,宗海,吕斌. 润扬大桥试验段铺装环氧沥青混合料性能评价[J]. 交通标准化,2007(2):157-161.

[3] 张晨,卢杨,曹江. 环氧沥青混合料低温弯曲试验研究[J]. 公路交通科技(应用技术版),2015,11(11):144-146.

[4] 罗桑,钱振东,宗海. 基于灰关联分析的环氧沥青混合料抗弯拉性能研究[J]. 武汉理工大学学报(交通科学与工程版),2008,32(3):393-396.

[5] 韦佑坡,胡浩,褚凯. 高原寒冷地区沥青混合料弯拉强度影响因素研究[J]. 西部交通科技,2009(5):5-7,35.

[6] 薛琳. 高寒地区沥青混合料的弯拉特性试验研究[J]. 湖南交通科技,2016,42(4):49-51.

[7] 钱振东,黄卫. 环氧沥青与沥青混合料[M]. 北京:科学出版社,2019.

CHAPTER 11

第11章

环氧沥青混合料高温稳定性

11.1 高温性能分析

优异的高温稳定性是环氧沥青混合料最显著的优势之一,也是钢桥面铺装和机场沥青道面选择材料时必须考察的重要内容,因为高温车辙是钢桥面铺装和机场沥青道面最常见的病害。南京长江第二大桥钢桥面铺装课题组专题开展了车辙试验,以比较常用材料的高温稳定性[1]。采用轮碾成型法制作车辙试验试件,试件尺寸为300mm×300mm×50mm,试验温度为60℃和70℃,试验中施加的轮压为0.7MPa。同时,为进行性能对比,开展改性SMA和改性AC试验,结果见表11-1。钱振东和黄卫采用《公路工程沥青及沥青混合料试验规程》(JTG E20—2011)中的"沥青混合料车辙试验"(T 0719—2011)对环氧沥青混合料的高温性能进行试验研究[2],试验结果见表11-2。试验结果均表明,环氧沥青混合料的高温稳定性远远优于改性AC-13和改性SMA-13。

不同类型沥青混合料车辙试验结果 表11-1

沥青混合料类型	60℃动稳定度(次/mm)	70℃动稳定度(次/mm)
改性AC	2193	695
改性SMA	2562	694
环氧沥青混合料	几乎无变形	15460

不同类型沥青混合料60℃及70℃车辙试验结果 表11-2

沥青混合料类型	60℃动稳定度(次/mm)	70℃动稳定度(次/mm)
美国ChemCo环氧沥青混合料	18373	17685
日本KD环氧沥青混合料	19523	17531
中国SE环氧沥青混合料*	25882	15976
改性AC-13	3233	—
改性SMA-13	4152	—

注:* 中国SE环氧沥青混合料环氧体系含量为40%。

东南大学科研团队还进行了80℃条件下三种油石比环氧沥青混合料的车辙试验,并通过车辙试验的结果评价最佳油石比,试验结果见表11-3。80℃温度条件下环氧沥青混合料动稳定度平均值大于6000次/mm,车辙深度小于2mm,表明环氧沥青混合料在高温条件下变形量很小，具有非常好的高温稳定性。其中以油石比6.5%的试件动稳定度最大，进一步验证了通过马歇尔试验确定的最佳油石比是可靠的。

环氧沥青混合料车辙试验结果(80℃) 表11-3

油石比(%)	试件编号	45min变形(mm)	60min变形(mm)	动稳定度(次/mm)	偏差系数(%)
6.3	1	0.434	0.467	19091	5.9
	2	0.426	0.463	17027	
	3	0.397	0.431	18529	
	平均值	0.419	0.454	18216	
6.5	1	0.314	0.344	21000	4.8
	2	0.289	0.322	19091	
	3	0.342	0.373	20323	
	平均值	0.315	0.346	20138	
6.8	1	0.345	0.376	20323	9.2
	2	0.402	0.439	17027	
	3	0.378	0.410	19688	
	平均值	0.375	0.408	19012	

单双成等对环氧沥青混合料和机场道面常用的SBS改性AC-13进行了车辙试验[3]，结果见表11-4。环氧沥青混合料表现出了极为优异的高温稳定性，在70℃条件下，动稳定度仍超过10000次/mm，显著优于SBS改性AC-13。

SBS改性AC-13和环氧沥青混合料的车辙试验结果 表11-4

试验温度(℃)	混合料类型	试件编号	动稳定度(次/mm)	永久变形(mm)	相对变形(%)
60	SBS改性AC-13	1	3920	3.232	6.04
		2	4503	3.021	6.00
		3	3844	3.346	6.61
		4	4323	2.894	5.67
		平均值	4148	3.123	6.08
	环氧沥青混合料	1	27220	0.373	0.62
		2	29211	0.294	0.58

续上表

试验温度（℃）	混合料类型	试件编号	动稳定度（次/mm）	永久变形（mm）	相对变形（%）
60	环氧沥青混合料	3	34123	0.245	0.49
		4	27231	0.370	0.61
		平均值	29446	0.321	0.575
70	环氧沥青混合料	1	11452	0.421	0.08
		2	12223	0.394	0.07
		3	14028	0.321	0.06
		4	11245	0.422	0.08
		平均值	12237	0.389	0.07

11.2 环氧体系含量对高温稳定性的影响

郭荣昌等对西安咸阳国际机场北飞行区道面改造与新建滑行道工程采用的环氧沥青道面材料进行了研究[4]。沥青与环氧体系含量为75：25时，环氧沥青混合料的水稳定性和高温稳定性均表现优良，动稳定度超过了10000次/mm，远远大于SBS改性沥青混合料和SMA。沥青与环氧体系含量为65：35时，环氧沥青混合料的动稳定度衰变几乎为0。研究认为，环氧沥青混合料能有效抵抗飞机起降及转弯过程中产生的较大剪应力，非常适用于机场道面沥青层。AC-13级配的环氧沥青混合料车辙与环氧体系含量关系的试验结果见表11-5和图11-1、图11-2。

环氧沥青混合料（AC-13级配）的车辙试验结果 表11-5

环氧体系含量（%）	动稳定度（次/mm）		总变形量（mm）	
	60℃	80℃	60℃	80℃
0	4166	552	1.209	6.651
15	8600	7033	1.141	1.502
25	13695	11887	0.525	0.620
35	>20000	>20000	—	—

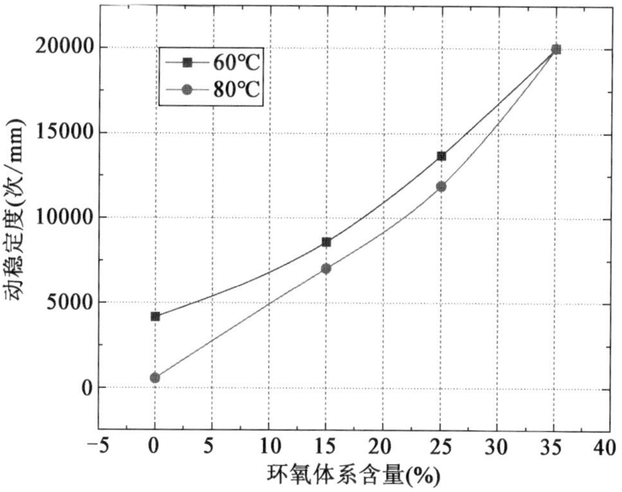

图 11-1　环氧体系含量(AC-13 级配)与动稳定度的关系

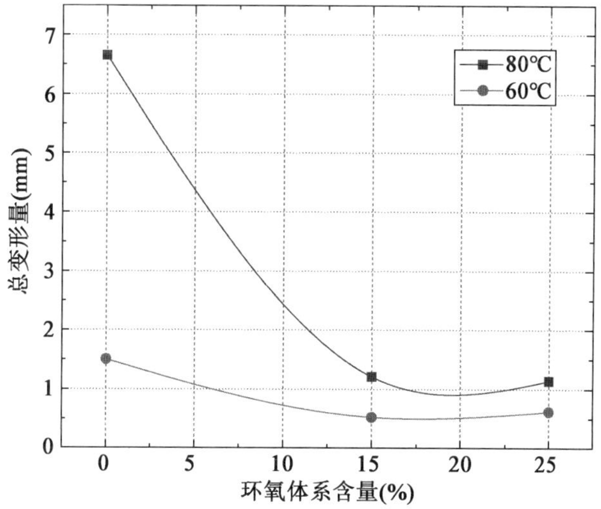

图 11-2　环氧体系含量(AC-13 级配)与总变形量的关系

为提高机场沥青道面抗滑性能,通常使用 ESMA-13(以环氧沥青为结合料的 SMA-13)级配,ESMA-13 级配的环氧沥青混合料抗车辙性能试验结果见表 11-6。环氧沥青混合料具有优异的抗车辙性能,非常适用于机场道面沥青层。

环氧沥青混合料(ESMA-13 级配)的车辙试验结果　　表 11-6

环氧体系含量(%)	动稳定度(次/mm)		总变形量(mm)	
	60℃	80℃	60℃	80℃
25	11715	8950	0.949	1.135
30	18540	15542	0.625	0.682
35	>20000	>20000	—	—

11.3 环氧沥青复合结构高温稳定性

冉武平等在60℃条件下，对环氧沥青混合料和SMA四种道面结构进行加速加载试验，研究道面结构的轮辙变形特性[5-6]。试验结果表明，在高温条件下，环氧沥青混合料道面具有较好的应力扩散和抑制下卧层隆起的能力，其抗轮辙性能明显优于SMA道面；对于复合道面结构（4cm环氧沥青混合料+6cm AC-20+28cm水泥混凝土+20cm半刚性基层）和半刚性基层道面结构（4cm环氧沥青混合料+6cm AC-20+6cm AC+40cm半刚性基层），环氧沥青道面的轮辙均显著小于SMA道面。在高温条件下，SMA道面在加载过程中始终出现剪切滑移现象，而环氧沥青混合料道面只是在加载一定次数后，由于下卧层的材料发生剪切流动，才出现明显的滑移现象。由于环氧沥青混合料具有较高的强度和不可逆的热固性，扩散荷载应力能力强，因此在加载初期，环氧沥青混合料道面的轮辙变形发展缓慢。但是随着持续的加温和加载，下卧层普通沥青混合料发生剪切流动，使结构层变形加剧，导致环氧沥青混合料道面轮辙变形加大，直到加载后期下卧层变形趋稳定，整体结构变形趋缓。在加载后期，复合道面最大轮辙变形的发展速度明显缓于半刚性基层道面，这说明在加载初期环氧沥青混合料道面最大轮辙变形主要受中面层AC-20的影响，而在加载后期则主要受下面层AC的影响。

复合道面环氧沥青面层底面应变主要受高温因素影响。动载作用初期，道面结构压密变形及普通沥青混合料微小流变引起较小的拉应变。但由于复合道面普通沥青混合料层厚度较薄，在短期的塑性变形后，重组骨架结构达到稳定状态。此外，水泥混凝土板的整体模量较高，使得环氧沥青面层底面经过短暂的拉压交替变为完全受压状态。复合道面环氧沥青混合料层底应变的发展速度和最终峰值均小于半刚性基层道面，且下卧层的整体强度对道面结构力学响应影响显著。因此，加强道面层间的黏结性能，提高下卧层的高温抗滑移稳定性，可有效减小轮辙变形。

11.4 高温稳定性总结

关于环氧沥青混合料动稳定度和控制道面轮辙说明如下：

(1)机场沥青道面轮辙和裂缝是道面损坏最常见的两类损坏,《民用机场沥青道面设计规范》(MH/T 5010—2017)将轮辙和疲劳开裂作为设计指标进行控制。因此,选择结合料和混合料的材料类型与道面结构组合设计应充分论证和研究其抗车辙和抗疲劳开裂能力。

(2)《民用机场沥青道面设计规范》(MH/T 5010—2017)和《机场环氧沥青道面设计与施工技术规范》(MH/T 5041—2019)均规定轮辙试验以 60℃和 0.7MPa 作为试验标准。客观上飞机的轮胎压力明显高于车轮的轮胎压力(如 B777-300 主起落架轮胎压力达 1.48MPa,A333 则达到 1.42MPa)。现实中,许多机场沥青道面的轮辙损坏非常严重,轮辙和裂缝是大型机场道面最主要的破坏类型。因此,在目前缺乏针对机场道面轮辙专用试验设备的情况下,规范建议可以酌情考虑将公路路面的试验条件进行调整,如采用 0.7MPa、70℃的试验条件,或者采用 60℃、1.1MPa 的试验条件。机场道面的轮辙破坏表明,公路路面 0.7MPa 的车辙试验条件不适合于机场道面对沥青混合料控制轮辙的评价,应尽快研究、开发适合于机场道面沥青混合料的轮辙试验设备。

在机场道面抗轮辙性能测试时,试验轮接地压强的确定主要参考了国际民航组织(ICAO)的 Aircraft Classification Number-Pavement Classification Number(ACN-PCN)评价方法以及 Aircraft Classification Rating-Pavement Classification Rating(ACR-PCR)评价方法,这两种评价方法都是用于确定机场道面可以承受的最大飞机起降重量。我国《民用机场飞行区技术标准》(MH 5001—2021)使用的是 ACN-PCN 评价方法,在计算推导单轮荷载(DSWL)时,采用的标准轮胎压力为 1.25MPa[7-9]。在 ACR-PCR 评价方法中,国际民航组织(ICAO)于 2022 年提出选用 1.50MPa 做为标准轮胎压力[10],计划在 2024 年 11 月 28 日正式替代 ACN-PCN 评价方法[11]。因此,机场道面抗轮辙性能测试与设备开发应选择 1.50MPa 作为试验轮的接地压强。

(3)现有的机场沥青道面工程为防止轮辙损坏,在设计控制指标(材料类或沥青稳定类基层采用道基顶面竖向压应变,无机结合类稳定类基层采用沥青层竖向剪应力作为设计指标),材料组成设计和道面结构组合设计上都做了大量研究,但是客观上轮辙仍然是大多数机场沥青道面的主要损坏类型。在飞机大型化、机场日益繁忙的条件下,防轮辙损坏的最有效措施是选择高温稳定性好的材料及其结构组合。

(4)在许多工程应用研究中都开展了环氧沥青混合料动稳定度的试验研究,

充分说明了相对于其他类型的沥青混合料，环氧沥青混合料在动稳定度上具有绝对的优势，环氧沥青混合料是防止机场道面轮辙病害的首选材料。

(5)道面结构组合在防控轮辙方面有重要作用，三层环氧沥青结构优于二层结构，二层环氧沥青结构优于单面层环氧沥青结构。当采用环氧沥青上面层加改性沥青中、下面层的结构组合时，应高度重视中、下沥青面层材料的抗剪切流动和动稳定性能，在大型飞机的高胎压作用下，中、下面层的剪切流动仍然可能导致道面的车辙破坏。

参考文献

[1] 黄卫. 南京长江第二大桥钢桥面环氧沥青混凝土铺装技术及应用[Z]. 东南大学,2005.

[2] 钱振东,黄卫. 环氧沥青与沥青混合料[M]. 北京:科学出版社,2019.

[3] 单双成,陈满. 机场道面用环氧沥青混合料设计与性能检测[J]. 中外公路,2014,34(2):291-294.

[4] 郭荣昌,王春,张玲燕,等. 机场道面环氧沥青混合料加铺施工技术[J]. 筑路机械与施工机械化,2018,35(3):92-98.

[5] 冉武平,凌建明,赵鸿铎. 基于加速加载的环氧沥青混凝土道面轮辙特性[J]. 建筑材料学报,2016,19(2):330-335.

[6] 冉武平,凌建明,赵鸿铎. 环氧沥青道面高温足尺加速加载动力响应[J]. 同济大学学报(自然科学版),2015,43(12):1823-1828,1840.

[7] 中国民用航空局. 民用机场飞行区技术标准:MH 5001—2021[S]. 北京:中国民航出版社,2021.

[8] ICAO. AERODROMES: Aerodromes Design and Operations[M]. ICAO,2018.

[9] Ministry of Defence, Defence Estates. Design & Maintenance Guide 27: A Guide to Airfield Pavement Design and Evaluation[M]. Defence Estates,2011.

[10] Brill D. ACR/PCR Overview[DB/OL]. FAA,2020. [2024-03-21]. https://www.faa.gov/sites/faa.gov/files/2022-05/508.RPA_P5_ACR_PCR.pdf

[11] ICAO. New Aircraft Classification Rating(ACR)-Pavement Classification Rating(PCR) Method [DB/OL] First North American, Central American and Caribbean Working Group(NACC/WG) Aerodromes and Ground Aids(AGA) Implementation Task Force Meeting, Mexico City, Mexico,3-7 July 2023[2024-03-21]. https://www.icao.int/NACC/Documents/Meetings/2023/AGATF01/WGAGATF1-IP04.pdf

CHAPTER 12

第12章

环氧沥青混合料抗疲劳性能

12.1 劈裂疲劳性能

疲劳开裂是机场沥青道面的主要损坏类型之一，随着大型飞机的增多，主起落架轮胎压力增大，设计年限内高胎压机型累计起飞架次大幅增加，机场沥青道面疲劳开裂出现时间更早，损坏程度更为严重，在道面材料选择、混合料组成设计和结构设计方面必须给予足够的重视。

研究表明，间接拉伸（劈裂）疲劳试验结果与梁式疲劳试验结果存在较好的相关性，即劈裂疲劳试验可以较好地描述环氧沥青混合料的疲劳性能，同时劈裂疲劳试件具有成型方便的优点。东南大学科研团队采用间接拉伸（劈裂）试验方法对环氧沥青混合料和 SMA、改性 AC 进行了试验研究[1]。按照马歇尔标准击实法成型劈裂试验试件，试件直径为 ϕ101.6mm ±0.25mm，高 63.5mm ±1.3mm。环氧沥青混合料在 121℃条件下固化 4h。试验温度为 15℃，采用正弦波加载，加载频率为 5Hz 和 8Hz，荷载分别为 6kN、8kN、18kN 和 24kN。试验结果见表 12-1。

南京长江第二大桥不同类型沥青混合料劈裂疲劳试验结果（15℃） 表 12-1

试件类型	试件编号	荷载（kN）	加载频率（Hz）	加载次数（次）	备　注
改性 AC	1	8	8	1500	试件表面出现纵向开裂
	2	6	8	7344	试件表面出现纵向开裂
SMA	1	6	8	8079	试件表面出现纵向开裂
环氧沥青混合料	1	6	8	>30000	试件未破坏
	2	18	5	18133	试件表面出现纵向开裂
	3	24	5	3200	试件表面出现纵向开裂

由表 12-1 可知，常温条件下，在相同荷载（6kN）和频率（8Hz）情况下，改性 AC 和 SMA 试件的平均劈裂疲劳寿命只有 7344 次和 8079 次，而环氧沥青混合料试件加载到 30000 次时仍未破坏。18kN 和 24kN 荷载时环氧沥青混合料疲劳寿命分别为 18133 次和 3200 次，表明环氧沥青混合料的疲劳寿命远远高于 SMA 和改性 AC。

苏通长江公路大桥钢桥面铺装养护技术研究中利用劈裂疲劳试验测试环氧沥青混合料的疲劳性能，采用马歇尔标准击实法成型试件，加载波形为连续式半正矢波，加载频率为 10Hz，应力水平为 0.7MPa、1.0MPa、1.25MPa、1.5MPa、

2.0MPa 和 3.0MPa,试验温度为 15℃。劈裂疲劳试验结果见表 12-2 与图 12-1,结果表明,应力水平对环氧沥青混合料的疲劳寿命有较大影响。

不同应力水平下环氧沥青混合料劈裂疲劳试验结果(15℃) 表 12-2

应力水平(MPa)	加载频率(Hz)	疲劳寿命(次)
3.0	10	1006
2.0	10	4468
1.5	10	19082
1.25	10	31827
1.0	10	101966
0.7	10	1025707

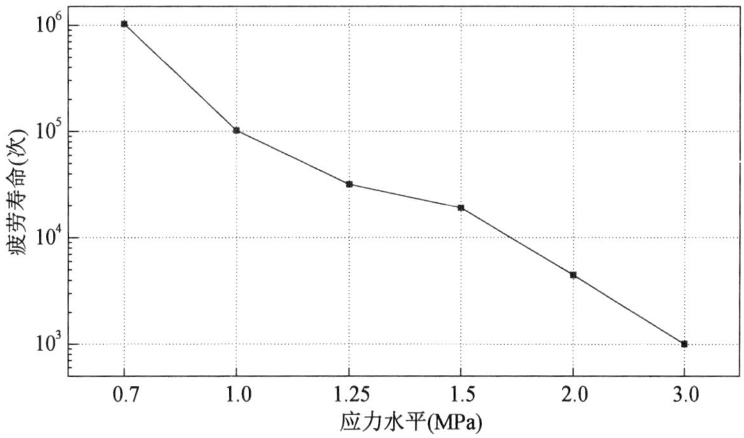

图 12-1 不同应力水平下环氧沥青混合料劈裂疲劳寿命变化趋势

12.2 弯曲疲劳性能

姚波通过大量环氧沥青混合料小梁疲劳试验结果对环氧沥青混合料钢桥面铺装抗疲劳设计进行了研究[2]。采用 10Hz 的加载频率和半正矢正弦波荷载进行疲劳试验。疲劳试验的荷载控制模式有两种,即常应力荷载模式和常应变荷载模式。常应力荷载模式下疲劳应力水平包括 2MPa、3MPa、4MPa、5MPa 和 6MPa 五个等级;常应变荷载模式下疲劳应变水平为 1000με。小梁重复弯曲疲劳试验温度为 25℃ ±1.0℃。疲劳试验之前,对环氧沥青混合料小梁试件进行了弯曲强度试验,试验方法参照《公路工程沥青及沥青混合料试验规程》(JTG E20—2011)中的 T 0715—2011“沥青混合料弯曲试验”,试验温度为 25℃,加载速率为 5mm/min。

经试验测定,环氧沥青混合料小梁试件的弯曲强度为 11.9MPa,弯曲破坏应变为 27234με。姚波通过试验研究发现:

(1)常应变荷载模式下,环氧沥青混合料小梁在疲劳试验过程中,弯曲模量和耗散能两个指标在试验开始后迅速下降,此后一直保持平稳,直到试件破坏时突然下降;相位角和累积损伤两个指标在试验初期迅速增大,然后几乎不变,直到试件破坏时突然增大;损伤增量在试验开始时有一定幅度变化,之后逐渐处于小范围波动,累积耗散能一直线性增加。值得注意的是,疲劳试验开始后不久,弯曲模量即迅速降至初始模量的一半左右,此后一直保持不变。因此,通常的将模量下降到初始数值的一半作为常应变荷载模式下疲劳破坏的标准对于环氧沥青混合料已不适用。经过分析,在环氧沥青混合料小梁常应变荷载模式下的疲劳试验中,弯曲模量、耗散能、相位角和累积损伤这四个指标与试件破坏有较好的相关性,但不能用损伤增量和累积耗散能反映试件的破坏。

(2)环氧沥青混合料小梁在常应力荷载模式下的疲劳试验过程中,一般直观地以试件完全断裂作为破坏标准。试验结果表明,弯曲模量指标在试验开始后几乎保持固定的速度减小直至破坏;耗散能、相位角和累积损伤三个指标在试验初期迅速增大,然后以恒定的速度小幅增加,直到试件破坏;累积损伤在临近破坏时突然增大,相位角和耗散能指标曲线中没有出现拐点;损伤增量在试验过程中一直处于小范围波动;累积耗散能一直线性增加。在疲劳试验过程中弯曲模量减小幅度较小,直至破坏时仍保持在初始模量的 80% 以上,这与普通沥青混合料的性质有较大的不同。分析发现,在环氧沥青混合料小梁常应力疲劳试验中,累积损伤与试件破坏有较好的相关性,在临近破坏时会突然增大。

(3)两种疲劳试验荷载模式下,环氧沥青混合料的累积损伤表现出相似的演化过程,较好地反映出疲劳试验过程中环氧沥青混合料的疲劳性能变化。因此,两种荷载模式下的试验可以采用相同的疲劳破坏判别标准,即将出现累积损伤急剧增加的初始点作为疲劳破坏标准,将此时的重复荷载作用次数作为试件的疲劳寿命。

(4)在常应力和常应变荷载模式下的疲劳试验中,环氧沥青混合料的累积损伤均表现出类似的变化、稳定和加速破坏三个阶段。与普通沥青混合料相比,环氧沥青混合料的累积损伤变化阶段和加速破坏阶段很短,而稳定阶段占疲劳试验过程的主要部分,此阶段模量下降程度较小,疲劳破坏出现却很突然,说明环氧沥青混合料在使用期间可以保持比较稳定的性能,而一旦接近疲劳寿命,破坏速度较快。

为了便于应用,利用单变量疲劳模型,以应力为自变量,以疲劳寿命为因变量,采用不同应力水平的疲劳试验数据进行回归分析,得到环氧沥青混合料的疲劳模型,如式(12-1)所示。

$$N_{f(Supply)} = A\left(\frac{1}{\sigma}\right)^{B} \tag{12-1}$$

式中:$N_{f(Supply)}$——室内试验获得的疲劳寿命(万次);

σ——拉应力(MPa);

A、B——回归系数,$A = 8128$,$B = 5.47$。

曹睿明等采用小梁弯曲疲劳试验研究润扬长江大桥桥面铺装用环氧沥青混合料的疲劳性能[3]。小梁的尺寸为250mm×30mm×35mm,加载波形为连续式半正弦波,频率为10Hz,采用常应力荷载模式,应力比为0.2、0.3、0.4、0.5、0.6,试验温度为15℃。为研究提前开发交通的可行性,采用未完全固化的试件(将试件放在60℃的烘箱内固化1d)测得的环氧沥青混合料小梁极限弯曲强度为15.2MPa。小梁的疲劳试验结果见表12-3和图12-2,可见环氧沥青混合料的抗疲劳性能十分优异。

润扬长江大桥60℃未完全固化环氧沥青混合料试件小梁弯曲试验结果(15℃)

表12-3

应力比	应力(MPa)	加载次数	破坏形式
0.6	9.12	8193	横向开裂
0.5	7.60	16812	横向开裂
0.4	6.08	27713	横向开裂
0.3	4.56	88532	横向开裂
0.2	3.04	656522	横向开裂

陶睿征、刘国正采用小梁四点弯曲疲劳试验研究SBS改性沥青混合料和掺20%橡胶粉的橡胶沥青混合料的疲劳性能[4]。小梁尺寸为300mm×60mm×80mm,试验温度为15℃,加载波形为正弦波,频率为10Hz,试验结果见表12-4和图12-3。与表12-3比较可知,环氧沥青混合料小梁疲劳寿命远远大于SBS改性沥青混合料和橡胶沥青混合料。

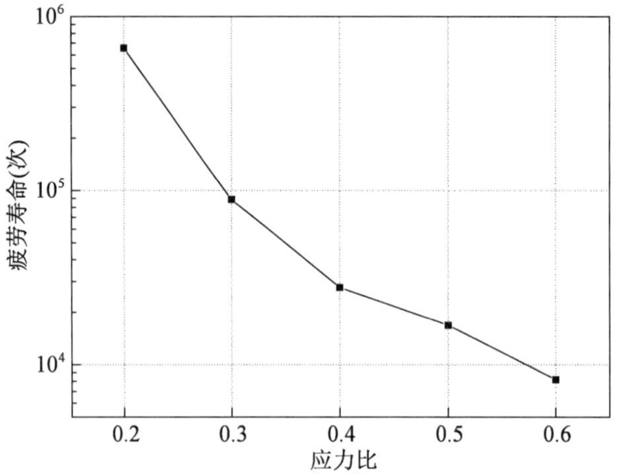

图 12-2　环氧沥青混合料小梁试件弯曲试验

橡胶沥青混合料和 SBS 改性沥青混合料的小梁疲劳寿命　　表 12-4

混合料类型	应力比	各试件的疲劳寿命(次)					疲劳寿命平均值(次)
		1	2	3	4	5	
橡胶 AC-13	0.2	75749	61412	79651	86254	98412	80295
	0.3	25749	19648	31651	36254	41749	31010
	0.4	7652	5021	6495	7354	6276	6559
	0.5	2222	1844	2326	2354	2654	2280
SBS 改性 AC-13	0.2	68762	42456	61654	66256	55776	58980
	0.3	25624	19124	27278	29683	32245	26790
	0.4	3687	3168	4098	4458	4984	4079
	0.5	1433	1245	1387	1355	1498	1383

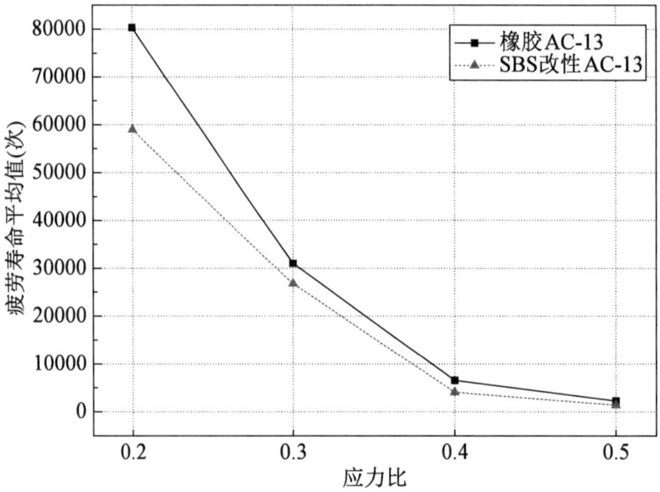

图 12-3　不同应力比下橡胶沥青混合料与 SBS 改性沥青混合料的小梁疲劳寿命

12.3 抗疲劳性能影响因素

罗桑等基于正交异性桥面板与铺装层组成的复合结构模型，计算出标准胎压0.70MPa和根据某桥梁调查的常见超载胎压1.10MPa以及1.38MPa作用下铺装层的最大拉应变[5]，如表12-5所示。参考计算出的最大拉应变，选择疲劳试验的应变水平，采用小梁四点弯曲疲劳试验在10℃、20℃和30℃三组温度和不同应变条件下进行环氧沥青混合料不同疲劳作用次数下模量的计算，结果汇总于表12-6。

不同温度和荷载胎压作用下铺装层最大拉应变 表12-5

荷载胎压(MPa)	铺装层最大拉应变(με)		
	10℃	20℃	30℃
0.70	198	326	624
1.10	308	507	971
1.38	387	637	1218

不同试验条件下环氧沥青混合料模量变化规律 表12-6

温度(℃)	应变(με)	不同疲劳作用次数(万次)下的模量(GPa)							
		100	101	102	103	104	105	106	107
10	400	12.2	11.9	11.8	11.7	11.6	11.5	11.4	11.3
	600	12	11.9	11.1	10.4	10.2	9.9	9.4	0.5
	900	9.3	11.6	10.7	10.4	9.5	2.8	—	—
20	600	8.4	8.3	8.2	8	7.8	7.3	7.1	7
	750	7.2	8.2	8.1	7.2	7	6.3	6	0.5
	900	7	8.2	7.8	7	6.7	6	1.3	—
30	600	3.3	3.3	3.2	3.1	2.9	2.7	2.5	2.3
	900	2.8	2.5	2.4	2.3	2	0	—	—
	1200	2.5	2.4	2.3	2.2	2.1	2	1	—

研究结果表明，环氧沥青混合料初始模量大小仅与温度相关，而与应变水平关系不明显。环氧沥青混合料在0.7MPa轮胎压力对应的应变水平作用500万次时未发生疲劳破坏；30℃时，1.11MPa和1.38MPa胎压分别作用66833次和35480次后出现疲劳损坏现象。胎压增加了24%，疲劳寿命下降了88%，可见胎压对环

氧沥青混合料的疲劳寿命影响显著。相同应变作用下,环氧沥青混合料的疲劳性能随着试验温度的降低而降低。

单双成、陈满对机场道面用环氧沥青混合料的性能做了专题研究,以应力控制方式开展环氧沥青混合料的小梁疲劳试验,同时与机场道面常用的 AC-25 和 SBS 改性 AC-13 进行了比较[6]。试验温度为 15℃,加载频率为 10Hz,在应力比为 0.5 的条件下,环氧沥青混合料的弯拉应力为 6.73MPa,疲劳寿命为 2673 次;SBS 改性 AC-13 的弯拉应力为 3.14MPa,疲劳寿命为 830 次。AC-25 在应力比为 0.54 的条件下,小梁弯拉应力为 2.26MPa,疲劳寿命为 467 次。试验结果同样表明,环氧沥青混合料具有优异的抗疲劳性能。

黄明对环氧沥青混合料的小梁力学特性进行了检测,针对沥青用量、摊铺等待时间(反映环氧沥青混合料的固化进程)和应力比三个影响因素,分析了环氧沥青混合料疲劳性能的变化规律,并回归了环氧沥青混合料的疲劳行为方程[7]。研究表明疲劳寿命与沥青用量、摊铺等待时间、应力比的关系分别为:疲劳寿命随应力比的增大而减小,随沥青用量的增大而增大,超过某个特定的时间点之后随摊铺等待时间的增大而减小。

东南大学科研团队还利用四点弯曲疲劳试验评价环氧体系含量对环氧沥青混合料抗疲劳性能的影响情况。表 12-7 是试验温度为 20℃,控制应变为 400με 的疲劳试验结果。结果表明,加载频率为 10Hz 和 5Hz 时,环氧沥青混合料疲劳寿命基本相当,但环氧体系含量对沥青混合料疲劳性能影响显著,环氧体系含量越高疲劳寿命越长。分析原因,这与环氧体系所占体积分数相关,环氧体系含量增加后,提高了混合料的疲劳寿命。一些文献表明,早期的一些环氧沥青产品,当环氧体系含量增加时,环氧沥青混合料的疲劳寿命随之减小。

不同环氧体系含量时环氧沥青混合料的疲劳寿命 表 12-7

环氧体系含量(%)	加载频率(Hz)	应变水平为 400με 时的疲劳寿命(次)				疲劳寿命平均值(次)
		试件编号				
		1	2	3	4	
25	10	52632	62123	61231	56845	58208
	5	55749	59648	61651	56254	58326
30	10	106520	112352	123456	152310	123660
	5	112356	121844	118325	142354	123720

续上表

环氧体系含量(%)	加载频率(Hz)	应变水平为400με时的疲劳寿命(次)				疲劳寿命平均值(次)
		试件编号				
		1	2	3	4	
35	10	3652332	3456482	3325601	3584562	3504744
	5	3525625	3519124	3427278	3429683	3475428

12.4 抗疲劳性能总结

根据大量环氧沥青混合料疲劳特性的试验研究和工程实践,可以得到如下结论:

(1)根据室内试验结果,环氧沥青混合料与其他类型的沥青混合料相比,强度更高,疲劳寿命更长。劈裂试验表明,在相同荷载(6kN)和频率(8Hz)情况下,改性AC和SMA试件的平均劈裂疲劳寿命只有7344次和8079次,而环氧沥青混合料试件加载到30000次时仍未破坏。小梁弯曲疲劳试验表明,环氧沥青混合料的疲劳寿命可达改性沥青混合料的数倍以上。

(2)南京长江第二大桥于2001年通车,铺装厚度为50mm,钢板厚度为14mm,设计轴载次数为1200万次。截至2022年6月24日,实际累计交通量达4.53亿辆,铺装使用状况良好,充分表明环氧沥青混合料具有很好的抗疲劳能力。

(3)环氧沥青混合料抗疲劳性能与混合料的空隙率、环氧体系含量、级配类型和油石比等因素有关,在借鉴已有经验的基础上,可根据工程应用的需求进行试验研究。

(4)大量试验结果分析表明,低温、常温和高温条件下,环氧沥青混合料的疲劳过程呈现不同的特征。高温条件下,环氧沥青混合料表现出与普通沥青混合料类似的疲劳特征,而低温条件下则出现完全弹性材料的疲劳特征。

(5)环氧沥青混合料弯曲强度高,抗疲劳性较好。在道面结构组合设计时,要充分发挥环氧沥青混合料的优势性能。当结构层受较大弯拉应力时,可采用环氧沥青混合料作为结构层材料;当结构层受弯拉应力不大时,可采用环氧沥青混合料作为上面层材料,充分发挥环氧沥青混合料高温性能好、扩散荷载能力强、抑制下卧层剪切变形强的优点。

参考文献

[1] 黄卫. 南京长江第二大桥钢桥面环氧沥青混凝土铺装技术及应用[Z]. 东南大学,2005.

[2] 姚波. 钢桥面铺装抗疲劳设计研究[D]. 南京:东南大学,2011.

[3] 曹睿明,宗海,吕斌. 润扬大桥试验段铺装环氧沥青混合料性能评价[J]. 交通标准化,2007(2):157-161.

[4] 陶睿征,刘国正. SBS 与橡胶粉改性沥青混合料疲劳性能对比研究[J]. 公路与汽运,2016(4):86-88,89.

[5] 罗桑,钱振东,HARVEY J. 环氧沥青混合料疲劳衰变特性试验[J]. 中国公路学报,2013,26(2):20-25.

[6] 单双成,陈满. 机场道面用环氧沥青混合料设计与性能检测[J]. 中外公路,2014,34(2):291-294.

[7] 黄明. 环氧沥青混合料的疲劳行为研究[J]. 重庆交通大学学报(自然科学版),2016,35(1):46-50,190.

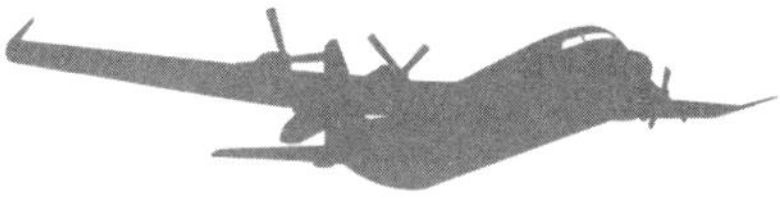

CHAPTER 13

第13章

环氧沥青混合料耐油腐蚀性能

13.1 耐油腐蚀特性

环氧沥青混合料最初被应用于美国机场道面,其主要目的之一是抵抗飞机泄漏到道面的油料对沥青道面的侵蚀,许多工程已经证明环氧沥青具有很好的耐油腐蚀性能。东南大学科研团队开展了环氧沥青混合料在汽油、柴油、机油中的浸泡试验[1]。试验方法是取质量相当的三块环氧沥青混合料(可以从已进行过拉拔、小梁弯曲试验的试件中选取),除去松散部分,称其质量后分别放入汽油、柴油、机油中浸泡48h,油料完全浸没试件,试验温度为室温(23℃)。浸泡期满后取出试件在室内沥干48h,除去表面松散物质,再次称其质量,并观察试件外观状态,通过浸泡前后的质量损失来反映混合料的耐油腐蚀性能。试验结果见表13-1。

环氧沥青混合料耐油腐蚀试验结果　　表13-1

浸泡油类型	原试件质量 m_1 (g)	浸泡后的质量 m_2 (g)	质量损失 $m_1 - m_2$ (g)	质量损失百分比 (%)
汽油	808.56	808.24	0.32	0.04
柴油	666.00	668.52	-2.52	-0.38
机油	729.30	731.14	-1.84	-0.25

分析表13-1的试验结果可知,环氧沥青混合料在汽油中浸泡48h后质量损失0.04%,而在柴油和机油中浸泡48h后质量没有减小,还略有增加。这主要是由于环氧沥青混合料试件基本未受腐蚀,而渗入试件内部的柴油和机油经48h沥干过程还未完全沥干。从浸泡后的试件外观来看,经过48h室内沥干后,浸泡于汽油中的试件表面已完全没有汽油成分,试件干燥坚硬。浸泡于柴油中的试件表面还留有油分,试件边缘棱角处结合料集中区略呈软化状态,但未松散,其余大部分棱角坚硬。浸泡于机油中的试件表面也还留有油分,但用手指挤压试件表面无油分渗出,试件边缘棱角坚硬。从浸泡完试件后的油分颜色来看,汽油由浸泡前的无色变成深红色;柴油浸泡前为淡黑色,浸泡后仍为淡黑色;机油从浸泡前的淡黄色变成深黄色。油分颜色的改变说明它们对环氧沥青混合料具有一定的腐蚀作用。分析试验结果可知,汽油对环氧沥青混合料的腐蚀性很小,柴油和机油进入环氧沥青混合料空隙后不易挥发,但对其腐蚀影响也很小。

东南大学科研团队还利用马歇尔残留稳定度评价环氧沥青混合料的耐腐蚀性能。参照《公路工程沥青及沥青混合料试验规程》(JTG E20—2011)中的"沥青混合料马歇尔稳定度试验”(T 0709—2011)检测浸泡后混合料试件的残留稳定度，通过浸泡后的残留稳定度来反映混合料的耐油腐蚀稳定性[2]。试验结果见表13-2。大量试验表明，环氧沥青混合料马歇尔试件在柴油中浸泡48h后的残留稳定度大于94%。

环氧沥青混合料耐柴油腐蚀试验结果　　表13-2

材料类型	试件编号	浸泡24h质量损失(%)	浸泡24h残留稳定度(%)
温拌环氧沥青混合料	1	0.04	99.0
	2	0.06	94.6
	3	-0.02	96.3
	平均值	0.03	96.6
热拌环氧沥青混合料	1	0.05	97.1
	2	-0.03	99.3
	3	0.02	94.8
	平均值	0.01	97.1

黄文通对环氧沥青混合料马歇尔试件在柴油中浸泡24h后的马歇尔残留稳定度进行试验研究，浸泡柴油的环氧沥青试件马歇尔残留稳定度为95%[3]。浸泡48h后环氧沥青混合料试件质量增加0.18%。分析原因，是进入混合料空隙的柴油难以挥发，使得马歇尔试件质量增加。试验研究表明，环氧沥青混合料具有优良的耐油腐蚀性能。

陈杰、宁爱民为提高沥青混合料的耐油腐蚀能力，专门配制了耐油沥青，并对高等级公路沥青、改性沥青和专门配制的耐油沥青混合料(级配AC-13，油石比为4.9%)进行了马歇尔浸油残留稳定度试验研究[4]。试验结果见表13-3。结合表13-2数据可知，专门配制的耐油沥青混合料的质量损失仍明显大于环氧沥青混合料，浸油后残留稳定度显著低于环氧沥青混合料，其值介于55~73之间。

沥青混合料耐油性能试验结果　　表13-3

试验指标	高等级公路沥青混合料	改性沥青混合料A	改性沥青混合料B	耐油沥青混合料
浸油前马歇尔稳定度(kN)	11.69	11.93	16.98	12.71
浸油后马歇尔稳定度(kN)	6.86	6.67	10.73	9.22
浸油后残留稳定度(%)	58.68	55.91	63.18	72.54
浸油后质量损失(%)	7.54	7.34	6.30	4.71

13.2 耐油腐蚀性能总结

根据大量试验研究和工程实践,关于环氧沥青混合料的耐油腐蚀性能说明如下:

(1)环氧沥青混合料具有优异的耐油腐蚀性能。

(2)大量试验研究表明,环氧沥青混合料的耐油腐蚀性能与混合料的空隙率、环氧体系含量、油石比和混合料级配等因素有关。针对工程应用的具体要求,必要时应结合实际情况开展具体的试验研究。

(3)虽然改性沥青能从多方面提高沥青混合料的路用性能,但是试验研究表明,部分类型改性剂会造成改性沥青混合料耐油腐蚀性能明显下降。在工程应用时,应重视改性沥青混合料耐油腐蚀性能的试验研究。

参考文献

[1] 黄卫. 南京长江第二大桥钢桥面环氧沥青混凝土铺装技术及应用[Z]. 东南大学,2005.

[2] 钱振东,黄卫. 环氧沥青与沥青混合料[M]. 北京:科学出版社,2019.

[3] 黄文通. 钢桥面铺装沥青混合料疲劳性能试验研究[D]. 广州:华南理工大学,2008.

[4] 陈杰,宁爱民. 道路沥青混合料耐油性能的研究[C]//2010 年第十二届全国石油沥青技术交流会暨沥青情报站年会论文集:144-148.

CHAPTER 14
第14章

环氧沥青混合料水稳定性

14.1 浸水马歇尔残留稳定度

沥青混合料的水稳定性是指沥青混合料抵抗水侵蚀而逐渐产生的沥青膜剥离、掉粒、松散、坑槽破坏的能力。对于机场沥青道面而言,飞机轮胎压力高、机场道面幅宽大、横向排水距离长,因此应重视道面沥青混合料的水稳定性。根据《公路沥青路面施工技术规范》(JTG F40—2004)的规定,评价沥青混合料水稳定性常用的指标是48h浸水马歇尔残留稳定度和冻融劈裂残留强度比。《民用机场沥青道面设计规范》(MH/T 5010—2017)采用浸水马歇尔残留稳定度和冻融劈裂残留强度比两个指标评价沥青混合料面层的水稳定性,相关技术要求见表14-1。

沥青道面沥青混合料水稳定性技术要求 表14-1

混合料类型	浸水马歇尔残留稳定度(%),不小于	冻融劈裂残留强度比(%),不小于	试验方法
普通沥青混合料	85	80	JTG E20—2011 T 0709
改性沥青混合料	90	85	

沥青混合料浸水马歇尔试验是通过测量沥青混合料在浸水前后力学性能的变化来评价水对沥青混合料的损坏程度。具体试验方法是将马歇尔试件在60℃恒温水槽中保温48h后,按马歇尔试验方法进行测量,根据式(14-1)计算残留稳定度。

$$MS_0 = \frac{MS_1}{MS} \times 100 \tag{14-1}$$

式中:MS_0——试件的浸水残留稳定度(%);

MS_1——试件浸水48h后的稳定度(kN);

MS——浸水前试件的稳定度(kN)。

表14-2和表14-3给出了两组不同浸水时间(48h和96h)环氧沥青混合料残留稳定度的试验结果[1],同时与改性SMA试件进行了比较。由试验结果可知,环氧沥青混合料试件浸水48h和96h后的残留稳定度相当,都显著高于浸水48h后改性SMA的残留稳定度。表14-4是润扬长江大桥试验桥铺装层钻芯取样的环氧沥青混合料残留稳定度[2]。

环氧沥青混合料和改性 SMA 残留稳定度试验结果(48h)　　表 14-2

编　　号	稳定度（kN）	最大变形（mm）	空隙率（%）	残留稳定度（%）
环氧沥青混合料固化试件 1	61.1	2.56	1.79	96.1
环氧沥青混合料固化试件 2	54.2	2.87	0.93	85.3
平均值	57.6	2.72	1.13	90.7
改性 SMA 试件 1	4.8	5.37	3.44	85.7
改性 SMA 试件 2	4.0	5.14	3.33	71.4
平均值	4.4	5.26	3.37	78.6

环氧沥青混合料残留稳定度试验结果(96h)　　表 14-3

编　　号	稳定度（kN）	最大变形（mm）	空隙率（%）	残留稳定度（%）
环氧沥青混合料固化试件 1	58.1	2.31	2.32	91.4
环氧沥青混合料固化试件 2	57.7	5.23	2.57	90.8
平均值	57.9	3.77	2.44	91.1

润扬长江大桥试验桥铺装层钻芯取样的环氧沥青混合料残留稳定度　表 14-4

浸泡时间	试件编号	稳定度（kN）	流值（0.1mm）	残留稳定度（%）
40min	1	47.53	42.3	—*
	2	44.82	41.4	
	3	46.84	40.0	
	平均值	46.39	41.2	
48h	1	43.96	42.1	95.4
	2	44.65	42.8	
	3	44.42	41.9	
	平均值	44.34	42.3	
96h	1	42.52	43.8	90.6
	2	41.71	44.3	
	3	42.97	45.5	
	平均值	42.07	44.5	

注：* 室内环氧沥青混合料固化后的强度一般达 40kN 以上，由于试验段混合料是铺装完成后 1 周内取出的，自然固化强度没达到最大值，因此 40min 的马歇尔强度值未达到最大值，但仍能满足相关规范的要求。

14.2 冻融劈裂性能

冻融劈裂试验是考察环氧沥青混合料抗水损害能力的技术指标之一，按照马歇尔试验确定的混合料级配和最佳油石比，根据《公路工程沥青及沥青混合料试验规程》(JTG E20—2011)中的“沥青混合料冻融劈裂试验”(T 0729—2000)，用击实法双面各击实50次制作马歇尔试件，经冻融(－18℃冻、60℃融)循环后，测定试件冻融前后的劈裂抗拉强度，并计算残留强度比TSR。ChemCo环氧沥青混合料的试验结果见表14-5。

ChemCo环氧沥青混合料冻融劈裂强度试验结果 表14-5

组别	试件编号		试件高度(mm)	破坏荷载(kN)	劈裂强度(MPa)	冻融劈裂残留强度比(%)
第1组	冻融前	1	62.8	21.18	2.122	88.4
		2	62.3	18.12	1.829	
		3	62.0	20.99	2.140	
		平均值	62.3	20.10	2.027	
	冻融后	1	61.8	18.62	1.895	
		2	62.6	18.16	1.825	
		3	62.5	16.43	1.653	
		平均值	62.3	17.74	1.791	
第2组	冻融前	1	64.1	15.59	1.528	87.3
		2	64.7	14.49	1.409	
		3	64.2	12.74	1.247	
		平均值	64.3	14.3	1.395	
	冻融后	1	64.7	12.58	1.222	
		2	64.8	11.41	1.108	
		3	64.1	13.48	1.322	
		平均值	64.5	12.5	1.217	

表14-6是在最佳油石比及最佳容留时间情况下，HPEP-EAA环氧沥青混合料冻融劈裂试验结果，试验方法是马歇尔试件正反面各击实50次成型。为模拟冬季沥青混合料路面的实际工作状况，试验过程包括真空饱水、低温冻融和高温水

浴三个过程。先将试件在25℃下浸水20min,接着以0.09MPa浸水抽真空15min,随后依次在-18℃低温箱中放置16h,在60℃水浴中恒温24h,再在25℃水中浸泡2h后进行测试。

HPEP-EAA环氧沥青混合冻融劈裂试验结果 表14-6

材料类型	试件编号		试件高(mm)	破坏荷载(kN)	劈裂强度(MPa)	冻融劈裂残留强度比(%)
HPEP-EAA4060(70%沥青)	冻融前	1	62.43	36.99	3.732	87.2
		2	62.83	40.61	4.141	
		3	62.21	40.59	4.111	
		平均值	62.49	39.40	3.990	
	冻融后	1	62.70	33.68	3.452	
		2	62.71	33.55	3.442	
		3	62.82	29.42	3.552	
		平均值	62.74	32.22	3.482	
HPEP-EAA4060(60%沥青)	冻融前	1	62.70	50.50	5.151	92.5
		2	62.32	47.68	4.812	
		3	62.86	50.55	5.141	
		平均值	62.63	49.58	5.031	
	冻融后	1	62.9	45.22	4.651	
		2	62.5	48.44	4.972	
		3	62.8	42.91	4.373	
		平均值	62.73	45.52	4.662	

周伯明、张辉的研究发现[3],随着环氧沥青混合料空隙率的增大,环氧沥青混合料冻融劈裂强度显著降低,冻融劈裂残留强度比减小,环氧沥青混合料抗水损害性能降低。试验结果表明,当空隙率小于3%时,环氧沥青混合料表现出良好的抗水损害能力;当空隙率达到3%时,试件冻融劈裂残留强度比降低7%;当空隙率增大到6.5%左右时,试件冻融劈裂残留强度比降低35%左右。

14.3 水稳定性总结

根据大量试验研究和工程实践,关于环氧沥青混合料水稳定性说明如下:

(1)试验数据和工程实践均表明,与其他类型的沥青混合料相比,环氧沥青混合料具有很好的抗水损害能力。

(2)环氧沥青混合料的空隙率大于3%时,对冻融劈裂强度有显著影响,工程应用中应根据实际工况进行分析和研究。冻融较为严重的地区,应慎重使用大空隙率的环氧沥青混合料。

参考文献

[1] 黄卫.南京长江第二大桥钢桥面环氧沥青混凝土铺装技术及应用[Z].东南大学,2005.

[2] 曹睿明,宗海,吕斌.润扬大桥试验段铺装环氧沥青混合料性能评价[J].交通标准化,2007(2):157-161.

[3] 周伯明,张辉.空隙率对环氧沥青混凝土性能的影响研究[J].石油沥青,2013,27(4):10-14.

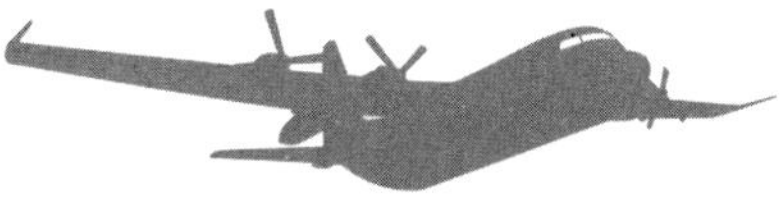

CHAPTER 15

第15章

环氧沥青混合料抗滑性能

15.1 抗滑性能特征

平整、抗滑、耐久、舒适、安全的道面结构是机场安全运行的重要保障,抗滑性能是沥青混合料的基本特性,是机场沥青道面的基本要求。一般认为,沥青道面的抗滑性能与道面表面微观构造和宏观构造直接相关。微观构造依赖于结合料和石料的性能,主要反映路面干燥状态下的摩擦性能;宏观构造依赖于集料级配、集料形状,主要反映潮湿路面的摩擦性能。沥青道面在竣工初期,集料表面通常会裹覆一层沥青膜,会影响路面抗滑性能的测试。因此,我国公路路面规范建议沥青路面抗滑性能的测试在通车一年后,待石料表面的沥青膜磨掉后再进行测定。但实际上对于热熔性的普通沥青混合料路面,由于高温时集料间的沥青结合料在车轮作用下会上移到路面表面,逐渐填平集料间的空隙,使宏观构造变小,因此在交通荷载作用下,经历了高温季,一年后测得的摩擦系数往往是变小的。通常,随着交通荷载的作用,抗滑性能会逐步衰减。严重的衰减将影响道路行驶的安全性,显著增加道面的养护成本,缩短道面的使用寿命。

对于环氧沥青混合料路面则不存在上述问题。环氧沥青是热固性材料,与传统的热熔性沥青材料不同,环氧沥青在高温下不会熔化流动。因此,环氧沥青路面在通车后路表的结合料逐渐被磨耗,表面集料颗粒逐渐裸露,集料间的宏观构造逐渐增大(粗集料间的结合料和细集料被车轮不断摩擦而带走),从而使其摩擦系数和宏观构造增大,抗滑性能逐步提升,该规律已被实际工程的检测结果证实。

15.2 摩擦性能及发展规律

东南大学科研团队对环氧沥青路面(道面)的抗滑性能进行了二十多年的长期研究,并通过实体工程的长期观测结果得到了非常宝贵的环氧沥青混合料抗滑性能演变数据。表 15-1 是南京长江第二大桥钢桥面铺装课题组采用摆式摩擦仪在室内车辙试验板上测得的环氧沥青混合料的摩擦系数。为模拟环氧沥青道面通车后初期磨耗对摩擦系数的影响,用钢刷在车辙试验板上打磨 20 遍后进行测定[1]。

环氧沥青混合料摩擦系数测值　　表 15-1

处理方式	干湿状态	摆式仪读数(BPN)					
		1	2	3	4	5	平均值
未处理	干	59	60	60	60	61	60
	湿	50	51	50	50	50	50
钢刷打磨	干	62	63	64	62	63	63
	湿	53	51	51	52	52	52

南京长江第二大桥是我国首次大规模应用环氧沥青混合料进行钢桥面铺装的桥梁。大桥通车后,东南大学科研团队对桥面铺装使用状况进行了长时间的全面监测,得到了包括摩擦系数在内的多类型路面使用状况数据[2-4]。2013 年,南京长江第二大桥年通行量达到 2700 万辆,比通车时的 2001 年增加了 10 倍,累计标准轴载作用次数达到 1211 万次,超过了设计轴载次数(1200 万次)。经现场检测,桥面的破损率仅为 2.6%,其中南向北主车道对破损面积的贡献率虽然达到 94%,但是摩擦系数的监测结果始终保持优异水平。图 15-1 是通车后桥面摩擦系数的演变过程,测试数据见表 15-2。

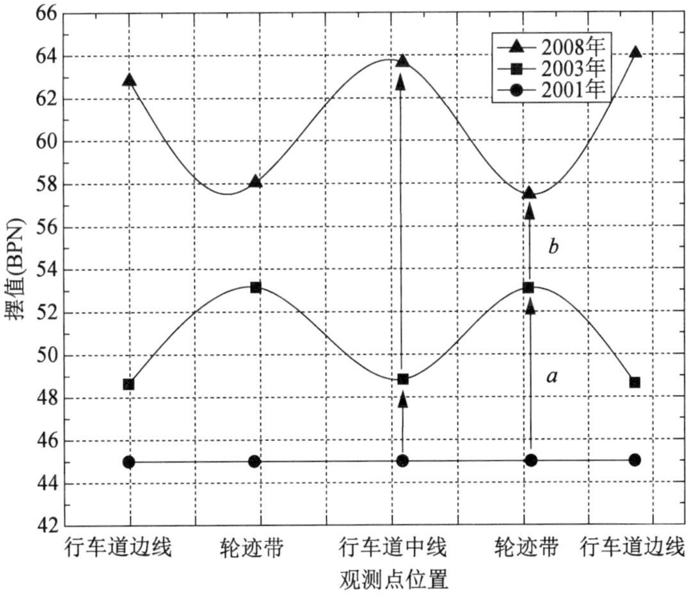

图 15-1　南京长江第二大桥主桥西幅(北至南)第二车道铺装表面摩擦系数横向分布

南京长江第二大桥主桥西幅(北至南)第二车道铺装表面摩擦系数测定值(BPN)

表 15-2

时　间	行车道边线	轮迹带	行车道中线	轮迹带	行车道边线
2001 年	45	45	45	45	45
2003 年	49	53	49	53	49
2008 年	63	58	64	58	64
通车 7 年增长率(%)	40	29	42	29	42

为了研究环氧沥青铺装的抗滑性能随时间的演化规律,研究人员在 2001 年、2003 年和 2008 年三次检测的基础上,从 2013 年起又对南京长江第二大桥主桥西幅(北至南)第二车道轮迹带观测点进行了为期 5 年的摩擦系数跟踪观测。测试结果见表 15-3,表中数值已考虑温度修正。南京长江第二大桥环氧沥青铺装表面摩擦系数的增长规律符合二次曲线(图 15-2),依据最小二乘原理获得拟合公式:$\mathrm{BPN} = 0.223t^2 - 0.4032t + 49.535$($R^2 = 0.99$,$t$ 是时间,单位为年)。可见各个测试点的摩擦系数均逐年增加,通车 7 年各测试点的摩擦系数增长了 29% ~ 42%,通车 12 ~ 16 年摩擦系数增长了 38% ~ 42%。

南京长江第二大桥主桥西幅(北至南)第二车道轮迹带摩擦系数测定值(BPN)

表 15-3

测试时间	测试点位					平均值	测时温度(℃)
	1	2	3	4	5		
2013 年 6 月 5 日	69	71	69	70	72	74	32
2014 年 5 月 22 日	78	79	78	79	79	82	30
2015 年 6 月 11 日	84	83	85	83	83	88	34
2016 年 5 月 11 日	91	90	90	91	93	94	29
2017 年 5 月 5 日	97	100	98	98	99	101	27
通车 12 ~ 16 年增长率(%)	41	41	42	40	38	36	—

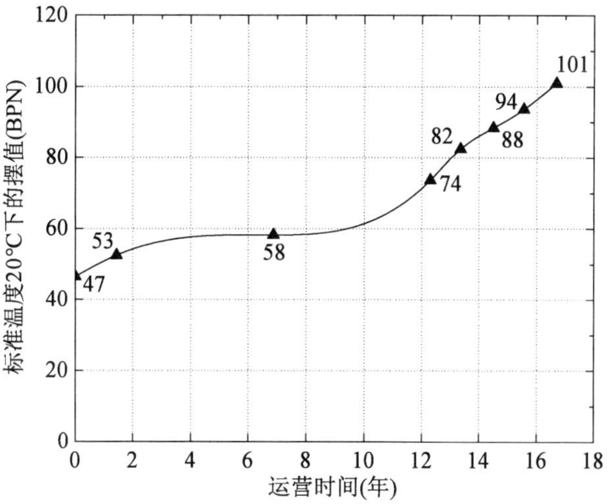

图 15-2 南京长江第二大桥环氧沥青铺装表面摩擦系数随运营时间的变化

15.3 抗滑性能演变规律及其对比

杨振采用加速磨耗试验对沥青路面抗滑性能演变规律进行了研究[5]，采用纹理扫描仪、自主研发的加速加载磨耗仪（MAAM）和步行式摩擦系数测试车（WFT），从平均构造深度（MPD）、摆值（BPN）、路面摩擦系数（WFC）进行试验测试，分析了不同集料类型、不同级配、不同公称最大粒径、不同沥青用量、不同沥青类型的路面抗滑性能衰减规律，构建了不同沥青路面抗滑性能的衰减函数。通过加速加载试验研究发现，抗滑性能演变呈现如下规律：

（1）沥青路面抗滑性能演变呈现"初始迅速衰减、中期匀速衰减、后期稳定波动"的规律，抗滑指标与磨耗次数衰减过程满足拟合函数 $y = Ae^{BX} + C$（y 为抗滑指标，X 为路面磨耗次数，A 为衰减幅度，B 为衰减速率，C 为衰减终值）。

（2）对于采用相同集料、不同级配类型的混合料，路面抗滑性能衰减幅度排序为 OGFC（大孔隙开级配排水式沥青磨耗层）> AC > SMA，抗滑性能衰减速率排序为 SMA > OGFC > AC，抗滑性能初值排序为 AC > OGFC > SMA，抗滑性能终值排序为 SMA > OGFC > AC。

（3）对于采用不同集料的混合料，路面抗滑性能初值排序为玄武岩 > 闪长岩 > 花岗岩 > 石灰岩，抗滑性能衰减速率排序为石灰岩 > 闪长岩 > 玄武岩 > 花岗岩，稳定后的抗滑性能排序为玄武岩 > 闪长岩 > 花岗岩 > 石灰岩，抗滑性能衰减

幅度排序为石灰岩 > 闪长岩 > 花岗岩 > 玄武岩。

(4)粗集料通过率是影响沥青路面抗滑性能初值、终值和衰减幅度的主要因素,尤其是粒径9.5 ~16mm 集料的通过率,其数值越大,路面抗滑性能初值和终值越大,衰减幅度越小,路面抗滑稳定性越好。

(5)影响沥青路面抗滑性能衰减速率的主要因素是细集料通过率,尤其是粒径0.15 ~0.6mm 集料的通过率差值,其数值越大,路面抗滑性能衰减速率越小,路面抗滑耐久性越好。

(6)混合料的抗滑性能在最佳油石比用量时达到最佳,同时具有良好的抗滑耐久性。

李晓龙等采用自行研发的环道式小型加速磨耗仪,选用常用的 AC-16C、SMA-16 和强骨架密实型沥青混合料 FDAC-16,分别模拟在干燥条件、浸水50%、浸水100%和浸水100% +3mm 水膜四种路表环境下抗滑性能的衰变规律[6]。试验结果表明,不同类型沥青混合料的构造深度均呈现出“快速下降→下降缓慢→趋于稳定”的变化规律,而摩擦系数均呈现出“小幅上升→快速下降→趋于稳定”的变化规律。FDAC-16 在干燥和浸水条件下均表现出良好的抗滑性能,且衰减较慢。摩擦系数与构造深度的相关性不明显,两者衰减的速度及规律也不一致,构造深度的最终稳定速度相对较快,说明路表宏观纹理的衰减速度要快于微观纹理。在相同温度和荷载试验条件下,经加速磨耗仪加载后的构造深度衰减率、摆值衰减率计算结果见表 15-4。从构造深度衰减率可以看出,SMA-16 的构造深度衰减率高达 37.2%,明显高于 AC-16C 的 23.6%和 FDAC-16 的 25.0%。

构造深度衰减率和摆值衰减率试验结果 表 15-4

检测指标	级配类型	初始值	稳定值	变化量	衰减率(%)
构造深度(mm)	AC-16C	0.89	0.68	0.21	23.6
	SMA-16	1.37	0.86	0.51	37.2
	DFAC-16	1.60	1.20	0.40	25.0
摆值(BPN)	AC-16C	66	55	11	16.7
	SMA-16	60	52	8	13.3
	DFAC-16	62	57	5	8.1

宋鹏采用单轮式横向力系数测试系统对某特长隧道路面的抗滑性能进行了连续5年的观测[7]。原路面为水泥混凝土路面，于2017年7月加铺5cm厚改性SMA-13。选取隧道中部5km长度范围的测试结果进行分析。横向力系数SFC标准值逐年测定结果、路段抗滑评分及抗滑性能等级见表15-5。由表15-5可见，虽然SMA-13路面竣工时横向力系数测评等级为良，但测试路段路面SFC标准值呈较快下降趋势，第3年已累计衰减了28.0%，抗滑等级为次。

某特长隧道SMA-13路面横向力系数衰减实测值 表15-5

测试时间	SFC标准值	1年的衰减值	累计衰减率(%)	抗滑评分	抗滑等级
2017年9月	43.3	—	—	84.9	良
2018年9月	42.0	1.3	3.0	83.2	良
2019年9月	35.1	6.9	19.4	72.8	中
2020年9月	32.1	3.0	28.0	67.8	次
2021年9月	30.2	1.9	33.9	64.5	次

罗幸平等研究了广东省高速公路路面表层改进级配型沥青混合料GAC-16的横向力系数SFC的衰变规律和关键影响因素[8]。为提升路面抗滑性能、提高通行安全性，2003年起广东省高速公路开始推广使用适合于区域气候特征、施工技术水平的改进级配型沥青混合料(GAC)。表15-6列出了GAC-16抗滑面层横向力系数4年的测试数据，可见SFC 4年衰减率均不小于30%。

广东省高速公路GAC-16抗滑面层横向力系数4年的测试数据 表15-6

高速公路名称	样本里程(km)	交工验收	通车时间(年)				4年衰减率(%)
			1	2	3	4	
开阳高速公路	67.58	64.0	47.0	41.4	41.5	45.1	33.3
深山西高速公路	260.28	67.1	55.1	45.6	44.8	43.9	34.6
惠河高速公路	20.69	65.1	56.1	44.7	41.4	—	36.4
粤赣高速公路	16.69	60.4	46.4	43.7	42.0	42.3	30.0
京珠北高速公路	56.46	62.7	60.6	42.0	42.9	41.5	33.8

刘长波采用基于多点支撑骨架状态的混合料体积设计方法(简称V-S体积设计法)进行骨架密实型环氧沥青混合料VS-EAC-10的级配设计，通过室内试验评价VS-EAC-10的路用性能以及抗滑性能[9]。试验结果表明，与EAC-10和SMA-10相比，VS-EAC-10保持了EAC-10优良的高温稳定性、水稳定性以及较高的摩擦系

数。VS-EAC-10 的构造深度较 EAC-10 显著提高，并且优于 SMA-10。利用小型行车荷载模拟系统 MMLS3 进行 VS-EAC-10 长期抗滑性能研究，结果表明 VS-EAC-10 的抗滑耐久性远远优于 SMA-10。对 VS-EAC-10 进行雨水和冰冻气候条件下的抗滑性能研究，主要考虑水膜厚度、斑驳冰面、完全冰面等不同的路面状况，试验研究了各混合料表层的抗滑值和抗滑性能衰减率的变化规律，与 EAC-10 和 SMA-10 对比，VS-EAC-10 在雨水气候和冰冻气候条件下比 EAC-10 具有更好的抗滑性能。

江苏某桥采用"35mm 高弹改性沥青混合料铺装 + 40mm 浇注式沥青混合料铺装"的钢桥面铺装结构，通车后铺装表面的横向力系数变化列于表 15-7。

江苏某桥铺装表面横向力系数随时间的变化 表 15-7

方向	运营时间(年)								
	1	2	3	4	5	6	7	8	9
上行	66	63	62	71	62	68	67	59	61
下行	67	61	28	61	61	65	65	61	63

由表 15-7 可见，高弹改性沥青混合料铺装在通车后抗滑性能下降不大，明显小于其他常见沥青混合料路面的下降幅度。究其原因，应该是高弹沥青的高温稳定性好，抗高温流动的能力强。但是，环氧沥青混合料铺装在运营后出现较为明显的抗滑性能逐年提升现象，这是其他类型沥青混合料不具备的性能。

15.4 抗滑性能总结

通过相关研究和对南京长江第二大桥钢桥面铺装的长期测试结果分析，可以得到如下结论：

(1)广义的抗滑性能包括路面摩擦性能和抗滑耐久性能两层含义。路面摩擦性能是路面与轮胎间的摩擦力，主要受环境因素、车辆荷载因素和路面材料因素的影响。抗滑耐久性能是指路面或道面抵抗轮胎荷载重复撞击、剪切等复杂力学作用后抗滑性能随时间的变化过程，主要受到路面材料的各项性能(包括沥青材料黏结性能、沥青材料老化性能、集料矿物学性质、集料抗磨光性质)以及交通作用的影响。其中，沥青性能是关键因素。

(2)在交通荷载的反复作用下，传统沥青混合料(热熔性沥青混合料)的构造深度一般呈现“快速下降→下降趋缓→趋于稳定”的变化规律。初始构造深度越大则衰减速度越快，在开放交通后的早期，构造深度的损失主要来自沥青路面材料的压密。密实骨架型沥青混合料与密实悬浮型沥青混合料相比，空隙率较大，因此其构造深度随轴载次数的增加衰减较快。

(3)在交通荷载的反复作用下，沥青混合料的摩擦系数呈现“小幅上升→快速下降→趋于稳定”的变化规律。

(4)根据沥青路面抗滑性能的演变规律可知，片面追求路面初始抗滑性能指标意义不大，应该在保证初始抗滑性能的同时，关注抗滑性能的衰减情况。好的初始抗滑性能加上好的抗滑耐久性能，才能较好地保证在设计使用期内的行车安全，避免通过频繁的面层铣刨和加铺抗滑面层来提高路面抗滑性能，导致显著增加养护费用、增加碳排放。

(5)环氧沥青混合料路面抗滑性能的变化规律与其他类型沥青混合料路面相反，环氧沥青混合料铺装的摩擦力与通车时相比是逐年增加的，环氧沥青混合料路面的长期抗滑性能优于其他类型沥青混合料路面。

(6)南京长江第二大桥钢桥面铺装通车后不久(第二年)，环氧沥青道面各测试点摩擦系数均有所提高，其中早期轮迹带测试点的摩擦系数增加最多。这是因为轮迹带石料上包覆的结合料被磨蚀的速度快于其他位置，石料露出更多后会提高铺装层表面的摩擦系数。

(7)南京长江第二大桥钢桥面铺装连续七年的测试结果表明，环氧沥青道面各测试点的摩擦系数都提高了，但是轮迹带测试点的摩擦系数增加幅度小于其他测试点。这是因为在大交通量的作用下，轮迹带的石料被磨损的程度较其他位置大，从而导致摩擦系数的增幅小于其他位置。因此，为了提高长期抗滑性能，环氧沥青混合料设计时，应选择硬度高的粗集料(如玄武岩)，尽可能不选用硬度偏软的粗集料(如石灰岩)。

参考文献

[1] 东南大学，南京长江二桥建设指挥部. 南京长江第二大桥钢桥面环氧沥青混凝土铺装技术及应用[R],2000.

[2] 王建伟，于力，罗桑. 南京长江第二大桥环氧沥青混凝土铺装服役13年回顾[J]. 公路，2015，60(8):37-40.

[3] 程蓝星. 钢桥面环氧沥青铺装全寿命周期抗滑性能演化行为研究[D]. 南京:东南大学,2018.

[4] 李浩天,关永胜,贾渝,等. 环氧沥青钢桥面铺装长期性能演变研究[J]. 中外公路,2010,30(6):230-233.

[5] 杨振. 沥青路面抗滑性能演变规律与恢复技术研究[D]. 西安:长安大学,2021.

[6] 李晓龙,蔡春兵,刘宗祥,等. 基于不同路表状态下加速磨耗试验的沥青路面抗滑性能衰变研究[J]. 交通科技,2020(2):41-45.

[7] 宋鹏. 特长隧道路面抗滑性能衰减规律研究[J]. 江西建材,2022(4):47-48,50.

[8] 罗幸平,陈育书,赵志强. 广东省高速公路沥青路面表层混合料 GAC-16 抗滑性能衰变规律和关键影响因素研究[J]. 广东公路交通,2015(4):17-22,35.

[9] 刘长波. 基于抗滑性能的钢桥面铺装用环氧沥青混合料设计[D]. 南京:东南大学,2015.

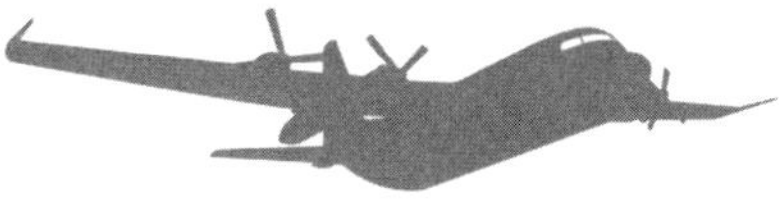

CHAPTER 16

第16章

环氧沥青混合料低温性能

16.1 低温弯曲性能

低温开裂是寒冷地区机场道面常见的破坏形式。道面低温开裂的两个主要因素,一是低温条件下路面结构的工作状态,二是道面沥青混合料的低温性能。因此在选择道面材料时需要对其低温性能进行分析。沥青混合料在低温环境下的弯曲强度和变形能力通过沥青混合料的低温弯曲试验可以评价,以弯曲应变和弯曲强度作为混合料低温性能评价指标。

国内环氧沥青混合料桥面铺装的工作温度,以天津海河上多座钢桥面铺装的极端最低温度 -23℃为最低,其次是济南黄河三桥和青岛海湾大桥的 -20℃,其他大桥的极端最低温度通常在 -15℃以上。工程实践表明,环氧沥青混合料铺装具有良好的低温抗裂性能,在目前已使用的大桥桥面铺装上,均未出现低温开裂现象。东南大学科研团队结合南京长江第二大桥钢桥面铺装项目,采用沥青混合料的低温弯曲试验和低温劈裂试验来评价环氧沥青混合料的低温强度和变形能力[1]。低温弯曲试验中,同时进行了 SMA 试件和改性 AC 试件的对比试验,试验结果见表 16-1 和图 16-1。结果表明,低温时环氧沥青混合料除具有较高的强度外,还具有比 SMA 和改性 AC 更好的变形能力。

不同沥青混合料弯曲试验结果(-15℃) 表 16-1

材　　料	弯曲强度(MPa)	极限应变(με)	弯曲劲度模量(MPa)
改性 AC	8.9	832.3	10705
SMA	7.5	741.7	10172
环氧沥青混合料	20.4	1565	13367

闵召辉等人采用固化后的环氧沥青混合料小梁试件,进行弯曲蠕变试验,利用数值计算将蠕变柔量转换为松弛模量,并运用 Boltzmann 叠加原理分析了环氧沥青混合料钢桥面铺装层的温度应力[2]。分析表明,考虑钢板温度收缩的铺装层温度应力比不考虑钢板温度收缩的铺装层应力大幅降低,且均小于环氧沥青混合料低温下抗拉强度。此外,采用单边切口小梁试件进行了不同温度下的断裂性能试验,结果表明高分子交联度混合料的断裂韧度和断裂能变化幅度小,低分子交联度混合料的断裂韧度和断裂能变化幅度大[3]。

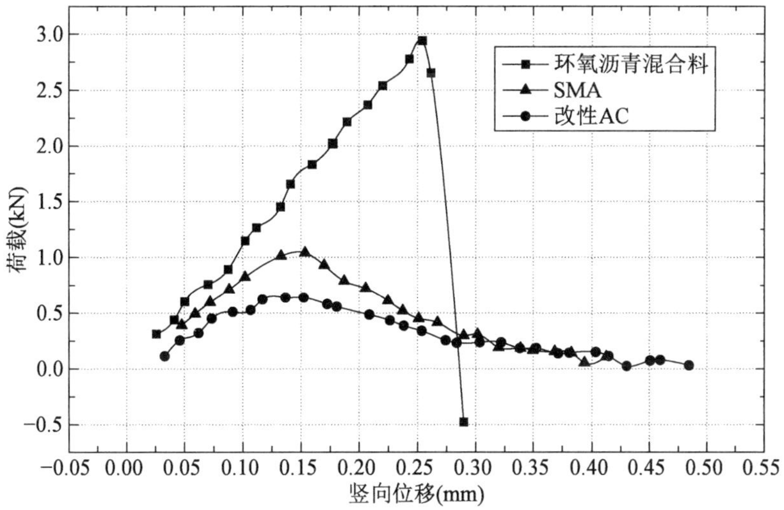

图16-1 弯曲试验荷载与竖向位移(-15℃)

周晓华通过环氧沥青混合料小梁低温弯曲试验与低温弯曲蠕变试验评价环氧沥青混合料的低温性能,并结合-15~0℃的线收缩系数试验分析了环氧沥青混合料在钢箱梁桥面铺装应用中的低温性能[4]。与其他类型的沥青混合料相比,环氧沥青混合料的低温弯曲强度高,低温弯曲变形能力较好,弯曲应变能显著高于其他类型的沥青混合料。在-15~0℃范围内,环氧沥青混合料的线收缩系数为$1.3\times10^{-5}\sim1.7\times10^{-5}$/℃,桥面钢材的收缩系数为$1.1\times10^{-5}\sim1.4\times10^{-5}$/℃,两者相差较小,因此在低温季节内,由不同材料收缩差异引起铺装开裂的可能性较小。

罗桑等采用劈裂试验、小梁三点弯曲试验、断裂性能试验、约束试件温度应力试验和线收缩系数试验对环氧沥青混合料的低温性能进行了全面的研究[5]。试验表明,环氧沥青混合料在-15℃条件下的劈裂强度和断裂韧性分别为13.0MPa和2.02MPa·$m^{1/2}$,在-20~0℃低温范围内环氧沥青混合料的线收缩系数平均值为1.40×10^{-5}/℃。在低温条件下,环氧沥青混合料具有很高的强度、优良的抗断裂能力、稳定的变形能力以及良好的与钢板的变形协调性,可以满足国内大部分地区钢箱梁桥面铺装的低温设计要求。

冉武平等针对国产HLJ-2910环氧沥青混合料的低温性能开展了小梁低温弯曲试验[6]。小梁尺寸为250mm×35mm×30mm,试验温度分别为-10℃±0.5℃和-15℃±0.5℃,加载速率为50mm/min,试验结果见表16-2。-10℃时SMA-13和AC-13的低温弯曲试验结果引自文献[7]和文献[8]。由表16-2可知,在

-10℃时,不同类型沥青的SMA-13和AC-13的弯曲强度和弯曲劲度模量都显著小于环氧沥青混合料,极限应变略小于环氧沥青混合料,环氧沥青混合料的低温性能优于其他沥青混合料。

多类型沥青混合料小梁低温弯曲试验结果 表16-2

温度(℃)	材料类型	试件编号	极限应变(με)	弯曲强度(MPa)	弯曲劲度模量(MPa)
-10	HLJ-2910环氧沥青混合料	1	2420	18.50	7645
		2	2367	19.90	8417
		3	2413	19.00	7874
		4	2401	19.50	8122
		平均值	2400	19.30	8034
	SMA-13	70号沥青	1430	7.83	5837
		SBS改性	1640	10.06	5589
	AC-13	KLM70*	1878	9.75	5229
		KLM90*	2169	9.22	4320
		KLM110*	2630	11.05	4207
		SBS改性	3516	14.58	4138
-15	HLJ-2910环氧沥青混合料	1	2311	19.60	8372
		2	2324	20.00	8587
		3	2339	20.00	8570
		4	2353	20.30	8640
		平均值	2339	20.00	8542
	SMA-13	70号沥青	1330	7.45	6992
		SBS改性	1480	10.24	6732

注:* KLM代表克拉玛依沥青。

刘洋进行了三种油石比(6.0%、6.5%、7.0%)的环氧沥青混合料的小梁弯曲试验[9]。小梁尺寸为250mm×30mm×35mm,试验结果见表16-3。分析发现,油石比对环氧沥青混合料的低温性能有影响。基于断裂力学提出的断裂能综合了低温下的应力和形变两个方面的影响因素,可以较好地评价沥青混合料的低温性能。沥青混合料发生破坏时,消耗的能量越大,说明沥青混合料的低温抗裂性越好。断裂能是材料应力-位移曲线坐标轴之间的面积，可通过积分获得。环氧沥青混合料低温弯曲试验的应力-应变曲线图中，在应力达到最大值前曲线下方的包络面积即为弯曲应变能密度临界值。

不同温度和油石比下环氧沥青混合料小梁低温弯曲试验结果　　表16-3

温度（℃）	油石比（%）	弯曲强度（MPa）	极限应变（με）	弯曲劲度模量（MPa）	弯曲应变能密度临界值（10^{-2}MPa）
0	6.0	32.1	3236	9942	5.91
	6.5	35.1	3918	8969	7.50
	7.0	33.7	3383	9979	6.46
-10	6.0	35.2	2823	12945	5.68
	6.5	33.4	2662	12546	4.89
	7.0	33.0	2572	12871	5.08
-20	6.0	34.5	2216	15770	4.05
	6.5	36.7	1800	21055	4.89
	7.0	35.8	2388	15008	4.61

试验结果表明，随着温度降低，环氧沥青混合料弯曲强度增大，极限应变减小，但变化幅度小于其他类型的沥青混合料。AC-13和SMA-13的弯曲强度和弯曲劲度模量都远小于环氧沥青混合料，极限应变也小于环氧沥青混合料。因此，环氧沥青混合料的低温性能优于其他类型的沥青混合料。试验中还发现，环氧沥青混合料小梁破坏时，断裂面相对平整，且存在矿物集料的断裂现象，这说明环氧沥青与集料有很强的黏结力，提升了环氧沥青混合料的低温性能。

16.2 低温劈裂性能

劈裂试验可间接反映沥青混合料的抗拉性能，也是评价沥青混合料低温抗裂性能的指标。冉武平进行了环氧沥青混合料的低温劈裂试验。表16-4中AC的试验结果引自文献[9]。在-25～15℃的温度区域内，劈裂强度R和温度T的试验结果可拟合为三次抛物线，即$R=0.0003T^3+0.0032T^2-0.3346T+8.325$[6]。

由试验得到的环氧沥青混合料的劲度模量 S 与温度 T 的关系曲线可以回归为 $S(T)=9.5119e^{-0.06T}$。结果表明环氧沥青混合料的劈裂强度显著高于其他沥青混合料。

不同温度下环氧沥青混合料劈裂试验结果 表 16-4

温度(℃)	材料类型	劈裂强度 R(MPa)	$(R_{环氧}-R_{AC})/R_{AC}$(%)
15	环氧沥青混合料	5.2	—
10	环氧沥青混合料	5.7	—
10	AC-13	1.797	217
10	AC-16A	1.840	210
10	AC-16B	2.125	168
10	AC-16C	2.143	166
5	环氧沥青混合料	6.6	—
0	环氧沥青混合料	8.5	—
-5	环氧沥青混合料	10.5	—
-10	环氧沥青	11.8	—
-10	AC-13(油石比3.7%)	3.379	249
-10	AC-13(油石比4.0%)	3.416	245
-10	AC-13(油石比4.3%)	4.062	190
-15	环氧沥青混合料	13.1	—
-20	环氧沥青混合料	13.7	—
-25	环氧沥青混合料	14.0	—

表 16-5 是不同低温条件下环氧沥青混合料劈裂试验结果。

不同低温条件下环氧沥青混合料劈裂试验结果 表 16-5

试验温度(℃)	空隙率(%)	最大荷载时的水平变形(mm)	最大荷载(kN)	劈裂抗拉强度(MPa)	劈裂抗拉模量(MPa)
0	2.10	0.29	92.1	9.09	2617
-15	1.96	0.36	132.2	13.0	3260
-20	2.02	0.34	140.8	14.1	3602

16.3 约束温度应力

约束试件温度应力试验(TSRST)按照 AASHTO-TP10-93❶ 进行。研究初始试验温度为20℃,降温速率为10℃/h,试件尺寸为250mm×50mm×50mm。试验开始前用环氧树脂胶将小梁试件固定于特制密封容器两侧的拉头上,将容器内温度降至试验初始温度20℃,恒温保持2h后,以10℃/h的降温速率开始试验。当试件在降温过程中产生收缩时,仪器通过计算机控制将试件拉伸到初始的位置,模拟材料被约束的工况,由此测定沥青混合料试件在降温过程中产生的温度应力直至试件断裂。为对比环氧沥青混合料的低温断裂性能,同时进行了SMA的对比试验,试验结果见表16-6。环氧沥青混合料试件在低温温度应力作用下的断裂温度为-28.4℃,可以满足国内大多数工程的需求。环氧沥青混合料的断裂温度低于SMA,表明环氧沥青混合料比SMA具有更好的低温性能。

环氧沥青混合料与SMA的TSRST结果 表16-6

混合料类型	断裂温度(℃)	断裂强度(MPa)	转化点温度(℃)	转化点强度(MPa)
环氧沥青混合料	-28.4	35.4	-35.4	21.5
SMA	-22.6	17.3	-22.1	13.8

16.4 低温性能总结

基于大量试验研究和工程实践,关于环氧沥青混合料低温性能说明如下:

(1)随着温度的降低,环氧沥青混合料的弯曲强度和劈裂强度显著增大。

(2)环氧沥青结合料与集料的黏结力极强,在弯曲和劈裂试验的试件破坏面上,许多粗集料被拉断。因此,环氧沥青混合料的弯曲和劈裂强度既取决于结合料与集料的黏结性能,又取决于集料的力学性能。传统的沥青混合料通常只依赖于结合料与集料的黏结性能。

(3)环氧沥青混合料小梁弯曲试验的极限应变大于改性SMA-13和AC-13,在-10℃时略小于SBS改性沥青混合料,在-15℃时大于SBS改性沥青混合料,

❶ AASHTO代表美国各州公路与运输官员协会,TP代表暂行试验方法。

但环氧沥青混合料的弯曲强度和弯曲劲度模量远大于改性沥青混合料,因此其低温抗裂性能显著优于其他沥青混合料。

(4)通过对环氧沥青固化剂的选择和复配以及调整环氧体系的含量等技术措施,可以有效改善环氧沥青混合料的低温性能。优化环氧沥青混合料的级配和油石比也可以改善环氧沥青混合料的低温性能。

参考文献

[1] 黄卫. 南京长江第二大桥钢桥面环氧沥青混凝土铺装技术及应用[Z]. 东南大学,2005.

[2] 闵召辉,黄卫,王晓. 环氧沥青混凝土钢桥面铺装层温度应力研究[J]. 公路交通科技,2003,20(4):12-15.

[3] 闵召辉,孔冬雷,黄卫. 钢桥面铺装用环氧沥青混合料低温断裂性能[J]. 建筑材料学报,2012,15(1):91-95.

[4] 周晓华,宗海,王晓,等. 环氧沥青混合料低温性能研究[J]. 公路,2006(1):179-182.

[5] 罗桑,钱振东. 环氧沥青混凝土铺装材料低温性能研究[J]. 公路,2010(1):156-160.

[6] 冉武平,凌建明,谷志峰. 环氧沥青混合料低温性能及评价指标[J]. 西南交通大学学报,2017,52(5):935-942.

[7] 谭国湖,李熙. SMA 沥青混合料低温性能试验研究[J]. 公路,2012(11):194-197.

[8] 李晓娟,韩森,贾志清,等. 基于弯曲试验的沥青混合料低温抗裂性研究[J]. 山东大学学报(工学版),2010,40(6):88-93.

[9] 彭勇,孙立军,石永久,等. 沥青混合料劈裂强度的影响因素[J]. 吉林大学学报(工学版),2007,37(6):1304-1307.

CHAPTER 17
第17章

环氧沥青混合料温度收缩性能

17.1 线收缩系数

沥青混合料的线收缩系数是计算温度应力的重要参数,其受沥青混合料的级配组成、沥青用量、降温范围等因素影响。钢桥面铺装用环氧沥青混合料直接铺筑在钢板之上,其温度变化幅度和速度显著大于公路路面和机场道面。铺装层与底部桥面钢板的温度变形差异会在铺装层内部及铺装层和钢板黏结界面上分别产生拉应力和层间剪应力。如果铺装层和钢板的线收缩系数相差过大,温度应力也显著增大,可能导致铺装开裂或层间滑移,因此,钢桥面铺装应十分重视研究桥面铺装材料的线收缩性能。同理,在机场水泥混凝土道面上加铺沥青道面,或位于冬严寒区的沥青道面结构都应该重视沥青混合料温度收缩性能的研究。

南京长江第二大桥环氧沥青混合料线收缩系数试验方法如下:从轮碾成型的板块状试件上切制 250mm × 30mm × 35mm 的环氧沥青混合料棱柱体试件,常温下测量棱柱体的长度,测试时将试件放置在线膨胀系数极小的石英玻璃板上。在棱柱体试验小梁两端用黏结剂各粘贴一个架有千分表的铝制圆柱,千分表的测头抵住小梁两端,如图 17-1 所示。记录常温下千分表的读数,并将石英玻璃板连同小梁试件和千分表放入低温箱,玻璃板平放在泡沫塑料上。以 5℃/h 的降温速率,将试件温度依次下降至 0℃、-5℃、-10℃和 -15℃,每次降温 4h 后读取千分表读数。温度区间内的收缩应变 ε_e 及线收缩系数 C 按式(17-1)、式(17-2)计算:

$$\varepsilon_e = \frac{L_e - L_0}{L_0} \tag{17-1}$$

$$C = \frac{\varepsilon_e}{\Delta T} \tag{17-2}$$

式中:ε_e——温度区间内的收缩应变;

L_e——温度区间下限时试件的长度(mm);

L_0——温度区间上限时试件的长度(mm);

C——温度区间内环氧沥青混合料的线收缩系数(/℃);

ΔT——温度区间(℃)。

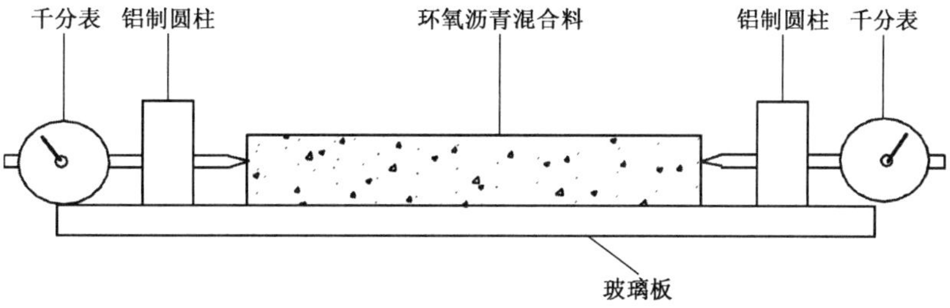

图17-1 环氧沥青混合料线收缩系数试验示意图

由于路面材料收缩病害主要发生于低温区域,因此试验的温度可根据路面材料实际工作的温度范围选取。表17-1是5～－15℃环氧沥青混合料、改性SMA和改性AC在各温度区间内线收缩系数的试验结果[1]。

不同类型沥青混合料在各温度区间内的线收缩系数($\times10^{-5}$/℃) 表17-1

材料类型	试件编号	温度区间(℃)				
		5～0	0～－5	－5～－10	－10～－15	5～－15
环氧沥青混合料	1	3.11	1.27	1.75	1.12	1.74(平均值)
	2	1.59	2.06	1.11	1.51	
	3	2.86	1.75	1.51	1.19	
	平均值	2.52	1.69	1.46	1.27	
改性AC	1	5.48	2.70	3.34	2.38	3.36(平均值)
	2	4.29	2.86	2.94	2.86	
	平均值	4.89	2.78	3.14	2.62	
改性SMA	1	2.62	3.18	1.67	1.12	2.84(平均值)
	2	4.33	3.70	2.78	2.54	
	3	3.42	3.56	2.34	2.82	
	平均值	3.46	3.48	2.27	2.16	

在各个温度区间内,环氧沥青混合料在三种混合料中的线收缩系数最小。在5～－15℃范围内的平均值为1.74×10^{-5}/℃。钢的线性收缩系数为$(1.1\sim1.4)\times10^{-5}$/℃,环氧沥青混合料的线收缩系数与钢材相比差异较小,尤其在低温情况下,两者接近。这正是南京长江第二大桥钢桥面铺装研究团队在环氧沥青混合料组成设计时设定的目标之一。当铺装材料与桥面钢板有相近的线收缩系数时,称铺装材料与钢板有较好的追从性。因此,采用环氧沥青混合料作为铺装材料时,

由降温引起的铺装层和桥面钢板之间的剪应力和拉应力通常不会造成开裂。假设铺装层中的日降温幅度为60℃,取环氧沥青混合料的抗拉模量为4000MPa(取自劈裂试验结果),线收缩系数为 1.74×10^{-5}/℃,钢板的线收缩系数为 1.2×10^{-5}/℃,则由温度变化在铺装层中产生的拉应力为:$(1.74-1.20) \times 10^{-5} \times 60 \times 4000 = 1.30$MPa。由劈裂试验得到环氧沥青混合料在常温下的抗拉强度为6.0MPa,在低温下的抗拉强度为9.0MPa,两者都远大于1.30MPa,加之实际日降温幅度小于60℃,因此环氧沥青混合料铺装层内不会产生温度收缩裂缝。

罗桑、钱振东对环氧沥青混合料进行了线收缩系数试验研究[2]。依据《公路工程沥青及沥青混合料试验规程》(JTJ 052—2000)中的"沥青混合料线收缩系数试验"(T 0720—1993),从轮碾成型固化后的板块状试件上切制长200mm ± 2.0mm、宽20mm ± 2.0mm、高20mm ± 2.0mm的小梁试件,将试件放入温控冷冻箱,以5℃/h的降温速率,将试件温度从0℃逐步下降至 -5℃、-10℃、-15℃和 -20℃,试验结果见表17-2。在 -20 ~ 0℃范围内,环氧沥青混合料的线收缩系数值在 $(1.16 \sim 1.69) \times 10^{-5}$/℃内变化,与钢桥面板的线性收缩系数 $(1.1 \sim 1.4) \times 10^{-5}$/℃接近,表明环氧沥青铺装层与钢桥面板之间具有良好的温度协同变形能力,能有效减少低温情况下由温度应力引起的铺装层和钢桥面板之间的剪切破坏。

环氧沥青混合料在各温度区间内的线收缩系数($\times 10^{-5}$/℃)　　表17-2

试件编号	温度区间(℃)				
	0 ~ -5	-5 ~ -10	-10 ~ -15	-15 ~ -20	0 ~ -20
1	1.27	1.75	1.12	1.10	1.40 (平均值)
2	2.06	1.11	1.51	1.23	
3	1.75	1.51	1.19	1.16	
平均值	1.69	1.46	1.27	1.16	

冉武平等按照T 0720—1993的试验方法,采用固化养生后的车辙板,切割成200mm × 20mm × 20mm的小梁试件,试验温度范围为 -25 ~ 5℃[3]。考虑到北方地区最快的夜间降温速率可以达到4 ~ 7℃/h,采用5℃/h降温速率,根据式(17-1)和式(17-2)计算线收缩系数,每个温度测3组平行试验数据。环氧沥青混合料线收缩系数试验结果见表17-3。

环氧沥青混合料线收缩系数($\times10^{-5}$/℃)　　表 17-3

温度区间(℃)	试件编号			平均值
	1	2	3	
5 ~ 0	1.86	1.85	1.81	1.84
0 ~ −5	1.78	1.78	1.77	1.78
−5 ~ −10	1.70	1.72	1.71	1.71
−10 ~ −15	1.61	1.63	1.65	1.63
−15 ~ −20	1.52	1.53	1.53	1.52
−20 ~ −25	1.46	1.47	1.42	1.45

由表 17-3 可知,不同温度区间的线收缩系数不同,在 5 ~ −25℃范围内,线收缩系数在(1.84 ~ 1.45) $\times10^{-5}$/℃内变化,随着温度的降低,线收缩系数变小。线收缩系数 α 与温度 T 关系的拟合公式见式(17-3),拟合数据如图 17-2 所示。

$$\alpha(T) = 0.0161T + 1.8156 \quad (R^2 = 0.9917) \tag{17-3}$$

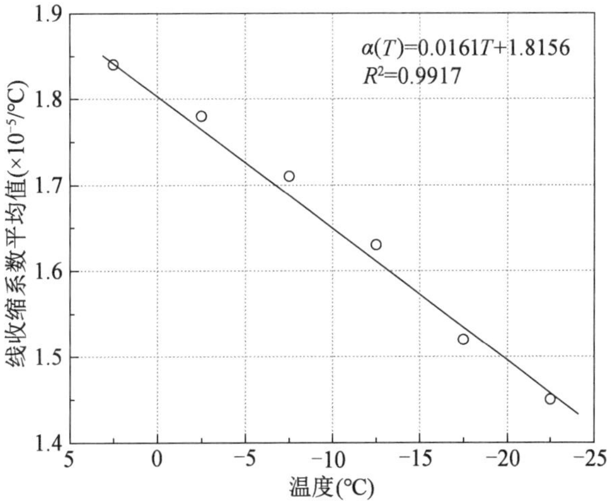

图 17-2　环氧沥青混合料线收缩系数与温度的拟合数据

由于环氧沥青混合料的劲度模量和线收缩系数均是温度的函数,因此当温度从 T_0 变化到 T_f 时,温度应力由式(17-4)计算:

$$\sigma(T) = \int_{T_0}^{T_f} \alpha(T)S(T)\,dT \tag{17-4}$$

式中,$S(T) = 9.5119e^{-0.06T}$,由通过试验建立的环氧沥青混合料的劲度模量 S 与温度 T 关系曲线回归得到。

冉武平分析认为,不考虑快速降温条件下环氧沥青混合料温度应力松弛效应,并假设以 5℃间隔区间,当温度由 0℃降低为 -35℃时,温度收缩应力为 18MPa,可能会超过该温度条件下环氧沥青混合料的抗拉强度,因此建议以 -31℃作为环氧沥青混合料低温开裂的临界温度。由于没有考虑低温条件下环氧沥青混合料的蠕变变形和铺装结构与试验系统约束的差异,因此该计算结果偏于保守。

17.2 环氧沥青混合料与常见材料线收缩系数对比

为了比较环氧沥青混合料与其他类型沥青混合料线收缩系数的差异,简要介绍其他沥青混合料的试验结果。郁晓军等进行了四种纤维沥青混合料线收缩系数试验[4]。试验表明,在沥青混合料中加入适量纤维后,可以改善沥青混合料的温缩性能,聚酯纤维对混合料的温缩性能改善效果比木质素纤维更好。线收缩系数随着纤维长度和纤维掺量的增长呈现先减小后增大的趋势,适宜的纤维长度和纤维掺量有助于改善沥青混合料的温缩性能。相关试验结果见表 17-4。经掺加纤维改善的沥青混合料线收缩系数仍然明显高于环氧沥青混合料的线收缩系数。

纤维种类对沥青混合料线收缩系数的影响($\times10^{-5}$/℃)　表 17-4

温度区间(℃)	木质素纤维	聚酯纤维	聚丙烯腈纤维	玄武岩纤维	未掺加纤维
30 ~ 20	3.012	2.902	3.422	3.042	3.892
20 ~ 10	2.402	2.242	2.472	2.662	3.192
10 ~ 0	1.692	1.372	1.732	1.692	2.102
0 ~ -10	1.772	1.502	1.952	1.832	2.262
-10 ~ -20	1.992	1.562	2.032	1.812	2.582
平均值	2.174	1.916	2.322	2.208	2.806

余梁蜀等对水工建筑物面板防渗用沥青混合料的线收缩系数进行了试验研究[5]。选用三种不同品种的沥青,采用相同的级配制作尺寸为 40mm × 40mm × 200mm 的试件。试验结果表明,沥青品种对沥青混合料的线收缩系数影响较大,不同类型沥青混合料之间线收缩系数最多相差 27%。沥青含量的变化在 ±0.3个百分点内影响不大,升温或降温过程的线收缩系数相差 9.4%。试验结果见表 17-5。

四种不同沥青的沥青混合料的线收缩系数试验结果　　表17-5

沥青类型	沥青含量(%)	温度区间(℃)	线收缩系数($\times10^{-5}$/℃)
1号沥青	8.1	5～-15	3.74
		-15～-35	2.54
		5～-35	2.76
2号沥青	8.1	5～-35	2.97
3号沥青	8.1	5～-35	3.76
3号沥青	7.5	5～-35	3.69

17.3 温度收缩性能总结

基于大量试验分析和工程实践,关于环氧沥青混合料的温度收缩性能说明如下:

(1)桥面铺装、水泥混凝土桥面铺装和机场水泥混凝土道面加铺沥青混合料道面层时,不同结构层材料的温度收缩性能差异会导致铺装层产生拉应力。当降温幅度较大、收缩性能差异显著时,拉应力可能较大。因此,在选择和配制铺装材料时,尽可能选择与相邻结构层材料温度收缩性能相近的沥青混合料。对于钢桥面铺装而言,环氧沥青混合料是很好的选择。

(2)在材料组成设计时,应通过选择合适的结合料、调整级配和油石比等措施,尽可能使各结构材料的温度收缩性能相近。

(3)大量试验研究表明,环氧沥青混合料的线收缩系数小于常用的沥青混合料的线收缩系数。通过调整环氧体系含量、油石比和级配可以有效调整其温度收缩性能。

(4)选择低温抗裂性能好的材料是防止铺装层低温开裂的最有效措施,环氧沥青混合料具备明显的优势。

参考文献

[1] 黄卫.南京长江第二大桥钢桥面环氧沥青混凝土铺装技术及应用[Z].东南大学,2005.
[2] 罗桑,钱振东.环氧沥青混凝土铺装材料低温性能研究[J].公路,2010(1):156-160.

[3] 冉武平,凌建明,谷志峰. 环氧沥青混合料低温性能及评价指标[J]. 西南交通大学学报,2017,52(5):935-942.

[4] 郁晓军,隆海健. 纤维沥青混合料线收缩系数研究[J]. 公路,2012(9):184-188.

[5] 余梁蜀,王文进,许庆余,等. 沥青混凝土低温线收缩系数试验研究[J]. 水力发电学报,2006,25(3):84-87.

CHAPTER 18
第18章

环氧沥青黏结料黏结强度

18.1 拉拔性能

环氧沥青通常分为结合料和黏结料,黏结料的抗拉强度高于结合料。结合料用于环氧沥青混合料,黏结料用于结构层之间的黏结,兼具防水功能时,常称之为防水黏结料。高温条件下,结构层间黏结力极易丧失,应高度重视铺装结构可能发生的剪切破坏。南京长江第二大桥钢桥面铺装层与桥面钢板之间的黏结材料采用环氧沥青黏结料。东南大学科研团队首次通过拉拔试验评价铺装层与钢板的黏结强度,并分析黏结料的合理用量[1]。东南大学科研团队采用的试验方法是:选择桥面实际使用的钢板(南京长江第二大桥采用的是16Mnq钢),经喷砂除锈和防锈涂装处理后,在其上铺装双层环氧沥青混合料,每层厚度为25mm,待试件完全固化后,用钻芯机在试件上钻取直径为50mm的芯样。用快凝环氧树脂将一个带有拉杆、直径为70mm的圆形钢板粘贴在芯样表面。待环氧树脂完全固化后,将芯样安装在拉力试验仪中,以150N/s ±20N/s的速度对拉杆加力,直至芯样破坏。试验如图18-1所示。

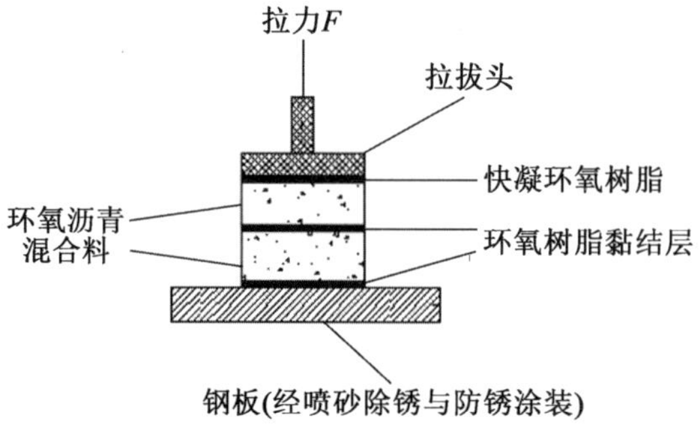

图18-1　拉拔试验示意图

为比较环氧富锌漆和无机硅酸锌漆与铺装层间的黏结强度,试验分别采用了经这两种涂料防锈处理的钢板试件。试验温度为:低温0℃ ±2℃、常温23℃ ±2℃和高温60℃ ±2℃。试验结果见表18-1。为与其他黏结材料比较,表18-2和表18-3列出了SMA桥面铺装结构和改性SMA桥面铺装结构的拉拔试验结果。

环氧沥青混合料桥面铺装结构拉拔试验结果　　表 18-1

试验温度（℃）	防锈漆类型	试件编号	破坏拉力（kN）	黏结强度（MPa）	黏结强度平均值（MPa）	破坏面位置
0 ±2	无机硅酸锌漆	1	18	9.17	7.13	铺装层上层内部
		2	12	6.11		铺装层上层内部
		3	12	6.11		铺装层下层内部
	环氧富锌漆	1	8	4.07	4.24	拉头和胶黏剂间
		2	8	4.07		拉头和胶黏剂间
		3	9	4.58		拉头和胶黏剂间
23 ±2	无机硅酸锌漆	1	3.05	1.55	1.55	黏结层与漆膜间
	环氧富锌漆	2	4.38	2.23	2.23	铺装层上层内部
						铺装层下层内部
60 ±2	无机硅酸锌漆	1	1.8	0.92	0.92	黏结层与漆膜间
		2	1.8	0.92		黏结层与漆膜间
	环氧富锌漆	3	2.0	1.02	0.97	铺装层下层内部
		4	1.8	0.92		黏结层与漆膜间

SMA 桥面铺装结构拉拔试验结果　　表 18-2

试验温度（℃）	防锈漆类型	黏结强度平均值（MPa）	破坏面位置
23	无机硅酸锌漆	0.74	下部黏结层内部
	环氧富锌漆	1.12	橡胶沥青层底部

改性 SMA 桥面铺装结构拉拔试验结果　　表 18-3

试验温度（℃）	防锈漆类型	试 件 编 号	黏结强度（MPa）	黏结强度平均值（MPa）	破坏面位置
20	无机硅酸锌漆	1	2.0	2.0	拉头和胶黏剂间
		2	2.0		黏结层与漆膜间
		3	1.9		拉头和胶黏剂间
70	无机硅酸锌漆	1	0.41	0.35	两层铺装层间
		2	0.30		两层铺装层间

试验结果表明，在常温和高温下，表面喷涂环氧富锌漆的钢板与铺装层间的黏结强度都大于表面喷涂无机硅酸锌漆的钢板与铺装层间的黏结强度。而低温试验中，使用环氧富锌漆的试件的破坏面都在拉头和胶黏剂间，试验结果并不能反映铺装层和钢板间真正的黏结强度，因而低温试验数据不能反映两种防锈涂料

孰优孰劣。从以上分析来看，环氧富锌漆和环氧沥青混合料铺装层间的黏结强度大于无机硅酸锌漆和环氧沥青混合料铺装层间的黏结强度。基于该研究结论，南京长江第二大桥、润扬长江大桥和苏通长江公路大桥等桥面钢板均采用了环氧富锌漆。从表 18-1 还可以看到，环氧沥青混合料铺装层和钢板之间的黏结强度随着温度的升高而减小，而环氧沥青混合料本身的抗拉强度也随温度升高而减小。另外，所有试件的破坏面都没有在两层铺装层之间，说明桥面铺装分两层摊铺时其层间黏结力是牢固稳定的，层间黏结料的洒布量采用0.45L/m^2是合理有效的。对比表 18-1 ~ 表 18-3 中的试验数据可以发现，环氧沥青混合料桥面铺装结构的黏结强度比 SMA 桥面铺装结构、改性 SMA 桥面铺装结构的拉拔强度都大，证明了环氧沥青黏结料在黏结强度尤其是高温条件下黏结强度方面的优越性。

曹睿明等在润扬长江大桥桥面铺装研究中进行了铺装结构的拉拔试验研究[2]。具体方法是：在试验段施工铺装层前，在整平层上预先埋设与主桥钢箱梁桥面完全相同的钢板。在铺装层完成固化后，钻取直径 50mm 的芯样进行拉拔试验。具体试验方法与南京长江第二大桥的试验方法类似。为避免试件在野外固化时间不足，在测试前将环氧沥青混合料试件置于 60℃烘箱内固化 1d。试验温度为 20℃。试验结果见表 18-4。由拉拔试验结果可知，在常温条件下，黏结层黏结强度大于环氧沥青混合料的抗拉强度，破坏面均在铺装层内部。

润扬长江大桥桥面铺装试验段环氧沥青混合料拉拔试验结果 表 18-4

试件编号	黏结强度（MPa）	黏结强度平均值（MPa）	破坏面位置
1	2.98	2.86	铺装层内部
2	2.83		铺装层内部
3	2.78		铺装层内部

沈红国等利用武汉光谷大桥桥面铺装现场钻取芯样进行拉拔试验，研究正常施工条件下浇注式沥青混合料与防水黏结层的黏结强度[3]。试验采用英国进口的 Eliminator 防水黏结料，厚度约为 2mm。试验结果见表 18-5。试验结果表明，防水黏结料与浇注式沥青混合料在常温下的黏结强度为 1.87MPa，高温时下降到 0.48MPa。拉拔断面主要位于防水黏结层与浇注式沥青混合料界面处，未出现在防水层与钢桥面界面处。Eliminator 防水黏结料的高温黏结强度仍然不足，远远小于环氧沥青黏结料，防水黏结层与浇注式沥青混合料界面是相对薄弱

位置,应采取必要措施,增强高温时黏结层的黏结强度。

不同温度下英国 **Eliminator** 防水黏结料拉拔试验结果 表 18-5

试件编号	拉拔强度(MPa)			断裂面位置
	低温(0~5℃)	常温(25~30℃)	高温(65~70℃)	
1	2.13	1.20	0.46	防水层与浇注式沥青混合料之间
2	2.68	2.26	0.44	
3	2.91	2.23	0.47	
4	3.28	1.55	0.48	
5	2.43	2.11	0.59	
平均值	2.68	1.87	0.48	

钱振东等研究了钢桥面浇注式沥青混合料铺装结构中环氧沥青黏结层的黏结性能,采用拉拔试验分析了在环氧沥青黏结料中掺加矿粉、高温老化、浸水、黏结料洒布量以及黏结层与铺装层施工间隔时间对环氧沥青黏结层黏结强度的影响[4]。试验结果表明,环氧沥青黏结层抗高温老化性能优异,加入矿粉会降低黏结层的黏结强度。黏结料洒布量的试验结果见表 18-6,可见拉拔强度随黏结料用量的增加而增大。为了研究环氧沥青黏结料洒布与浇注式沥青混合料施工间隔时间对拉拔强度的影响,进行了专门的试验研究,试验结果见表 18-7。施工间隔时间增加会降低拉拔强度,建议间隔时间尽可能不大于 48h。

黏结料洒布量对拉拔强度影响的试验结果 表 18-6

黏结料洒布量(L/m^2)	拉拔强度(MPa)	破坏面位置
0.4	2.88	防水黏结层
0.5	3.18	防水黏结层 80%, 浇注式沥青混合料内部 20%
0.6	3.34	浇注式沥青混合料表面 60%, 浇注式沥青混合料内部 40%
0.7	3.74	浇注式沥青混合料表面 70%, 浇注式沥青混合料内部 30%

施工间隔时间对拉拔强度影响的试验结果 表 18-7

黏结料洒布量(L/m^2)	间隔时间(h)	拉拔强度(MPa)	破坏面位置
0.6	24	3.28	浇注式沥青混合料表面
	48	3.14	浇注式沥青混合料表面
	72	2.29	黏结层与钢板之间

续上表

黏结料洒布量(L/m^2)	间隔时间(h)	拉拔强度(MPa)	破坏面位置
0.7	24	3.74	浇注式沥青混合料表面
	48	3.43	浇注式沥青混合料表面
	72	2.51	黏结层与钢板之间

在复合梁试件上钻芯并检测拉拔强度，随后将复合梁在60℃水箱中浸水48h，然后将复合梁表面的水完全沥干并冷却至室温，再次检测复合梁试件的拉拔强度。通过对比浸水前后复合结构的拉拔强度，评估复合结构中防水黏结层的水稳定性。复合梁拉拔试验结果见表18-8。由表可知，浸水48h后复合梁拉拔强度虽略有降低，但两次的破坏形态都是浇注式沥青混合料破坏，因此浸水前后环氧沥青防水黏结层的黏结强度均大于浇注式沥青混合料的抗拉强度，满足防水黏结层在复合结构中的水稳定性要求。

浸水前后复合梁环氧沥青黏结料拉拔强度试验结果 表18-8

浸水情况	试件编号	拉拔强度(MPa)	拉拔强度平均值(MPa)	破坏面位置
未浸水	1	3.43	3.48	浇注式沥青混合料铺装层
	2	3.52		
	3	3.48		
浸水48h	1	3.14	3.14	
	2	3.17		
	3	3.10		

18.2 剪切性能

韩立英、崔志英通过剪切试验和拉拔试验研究环氧沥青防水黏结层在桥面铺装中的应用[5]。表18-9是环氧沥青黏结料施工时黏度对剪切强度的影响的试验结果。试验表明，环氧沥青黏结料在不同施工温度下对应的黏度对剪切强度有影响，当施工温度为120℃时，试件的剪切和拉拔强度最高。为模拟降雨对环氧沥青黏结层强度的影响，成型水泥混凝土试件，在洒布环氧沥青防水黏结层材料之后，2h内连续在防水黏结层表面洒水，养生2d后在自然条件下风干，再在表面铺筑沥青混合料铺装层。在23℃的试验温度下，通过剪切试验和拉拔试验评估防水黏结层的性能。试验结果见表18-10。从表18-10可以看出,当遇水浸泡之后,环氧沥青防水黏结层的剪切强度和拉拔强度会发生一定程度的降低,但是降低的幅度有所差异,其中抗剪强度损失2%,拉拔强度损失7.3%,其损失值都不足以对铺装层与水泥混凝土之间的黏结状况产生显著影响。由于现场情况可能与室内模拟存在较大差别,因此是否需要补洒或者重新洒布,应根据实际情况进行具体判断。此外,文献[5]还进行了抗老化试验,将常温成型好的水泥混凝土桥面铺装复合梁试件放入70℃的热水中浸泡4h,冷却至常温后进行剪切和拉拔对比试验。浸泡前和浸泡后的强度下降较小,其中剪切强度下降1%,拉拔强度下降2.4%,表明环氧沥青黏结料的抗老化性能较好。

环氧沥青黏结料施工时黏度对剪切强度的影响试验结果(23℃) 表18-9

环氧沥青黏结料温度(℃)	黏度(mPa·s)	剪切强度(MPa)	剪切强度平均值(MPa)	拉拔强度(MPa)	拉拔强度平均值(MPa)
100	3200	2.27	2.35	2.33	2.45
		2.36		2.60	
		2.42		2.42	
120	900	2.85	2.87	2.85	2.78
		2.92		2.53	
		2.84		2.96	
140	500	2.50	2.43	2.64	2.59
		2.38		2.58	
		2.41		2.55	

模拟降雨对环氧沥青黏结层强度的影响试验结果(23℃) 表18-10

工况	剪切强度(MPa)	剪切强度平均值(MPa)	拉拔强度(MPa)	拉拔强度平均值(MPa)
正常情况	2.99	2.96	3.42	3.43
	3.05		3.15	
	2.84		3.72	
模拟降雨后	2.88	2.90	3.28	3.18
	3.02		3.09	
	2.80		3.17	

为了比较环氧沥青黏结料和其他黏结材料的性能，简要介绍三种常用黏结材料的试验结果。王亚玲等对SBS改性沥青、FYT-1型防水涂料和改性乳化沥青三种黏结材料的黏结性能进行了试验研究，测试不同的防水黏结材料与水泥混凝土桥面的黏结性能[6]。用马歇尔试验方法成型试件，试验温度为25℃，剪切加载速率均为50mm/min。试验结果见表18-11。三种黏结材料在常温条件下的黏结强度远远低于环氧沥青黏结料的黏结强度。

SBS改性沥青等三种黏结材料的黏结强度试验结果 表18-11

材料类型	剪切强度(MPa)		
	25℃	40℃	60℃
SBS改性沥青	0.098	0.048	0.023
FYT-1型防水涂料	0.048	0.022	0.006
改性乳化沥青	0.090	0.044	0.044

黄卫等在润扬长江大桥钢桥面铺装研究中对环氧沥青黏结剂和橡胶沥青黏结剂进行了试验研究[7]。两种黏结剂拉伸试验结果见表18-12，剪切试验结果见表18-13。环氧沥青黏结剂的拉伸强度和抗剪强度显著优于橡胶沥青黏结剂，特别是在60℃高温条件下，环氧沥青黏结剂的剪切强度仍然达到1.03MPa，橡胶沥青黏结剂的剪切强度由20℃时的1.48MPa下降到60℃时的0.57MPa。

环氧沥青黏结剂与橡胶沥青黏结剂拉伸试验结果(20℃) 表18-12

试验项目	环氧沥青黏结剂	橡胶沥青黏结剂	钢桥面铺装计算要求
拉伸强度(MPa)	8.01	2.27	>6.0
断裂延伸率(%)	226	212	>190

环氧沥青黏结剂与橡胶沥青黏结剂剪切试验结果 表18-13

试验温度(℃)	剪切强度(MPa)		
	环氧沥青黏结剂	橡胶沥青黏结剂	钢桥面铺装计算要求
20	4.14	1.48	>3.0
60	1.03	0.57	>0.6

18.3 黏结强度总结

基于大量试验研究和工程实践，关于环氧沥青黏结料及其使用说明如下：

(1)机场道面结构和桥面铺装结构应高度重视结构层之间的黏结状态,黏结强度高对改善结构受力状态十分有益,可以显著提高结构的抗剪切和抗弯拉能力,提高道面结构的耐久性。应根据道面的实际工况,特别关注高温条件下的黏结强度。在高温条件下,环氧沥青黏结料的抗剪切和抗拉拔强度具有绝对的优势。

(2)高温条件下结构层之间的黏结性能是关键,因为高温条件是道面结构抗剪切的最不利工况。目前工程中常用的热熔类黏结材料在低温和常温条件下性能尚好,但是高温条件下,黏结材料熔化,黏结强度大幅下降,黏结力甚至基本丧失。

(3)环氧沥青黏结料与钢板和水泥混凝土界面均具有较好的黏结性能,不同的钢板防锈涂料对黏结料黏结强度有影响,工程应用应进行综合优化比选。水泥混凝土界面使用环氧沥青黏结料时应进行抛丸处理,以提高界面的黏结力。

(4)环氧沥青黏结料是热固性材料,在高温条件下不会熔化,仍保持较高黏结强度。环氧沥青黏结层强度通常高于同等工况条件下铺装结构层的抗拉强度。

(5)室内试验和工程实践表明,环氧沥青黏结料洒布施工后,受一般降雨的影响较小,一般情况下可不做处理。工程应用时,如降雨量较大或遇到连续降雨等特殊情况,可以根据具体情况进行分析,必要时可酌情进行黏结料的补洒。

(6)虽然黏结料种类是黏结层黏结强度的决定性因素,但是黏结料的用量、施工方法等也应予以重视。

参考文献

[1] 黄卫. 南京长江第二大桥钢桥面环氧沥青混凝土铺装技术及应用[Z]. 东南大学,2005.

[2] 曹睿明,宗海,吕斌. 润扬大桥试验段铺装环氧沥青混合料性能评价[J]. 交通标准化,2007(2):157-161.

[3] 沈红国,张泳,盛大文,等. 钢桥面浇注式沥青混凝土粘结拉拔强度试验分析[J]. 建材世界,2013,34(4):29-32.

[4] 钱振东,杨宇明,宋若原. 环氧沥青防水黏结层在钢桥面浇注式沥青混合料铺装中的适用性研究[J]. 公路,2013(2):1-5.

[5] 韩立英,崔志英. 环氧沥青防水黏结层在桥面铺装中的应用[J]. 山西建筑,2008,34(31):

322-323.

[6] 王亚玲,周玉利,姚爱玲,等.沥青混凝土桥面铺装结构层间剪切与拉拔试验[J].长安大学学报(自然科学版),2009,29(6):15-18.

[7] 黄卫.钢桥面铺装[M].北京:人民交通出版社,2006.

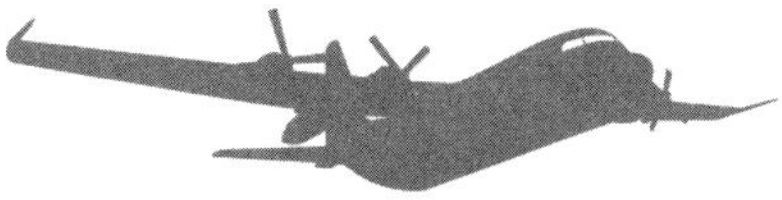

CHAPTER 19

第19章

环氧沥青黏度体系与施工控制

19.1 黏度体系特征

黏度是流体的一种物理化学性质,是流体黏滞性的一种量度,是流体流动力对其内部摩擦现象的一种表示,黏度大表示内摩擦力大,物体在流体中运动时受到的摩擦阻力就大。一定浓度的高分子溶液或溶胶,在适当条件下,黏度逐渐增大,最后失去流动性,整个体系变成一种外观均匀并保持一定形态的弹性半固体,这种弹性半固体称为凝胶。环氧树脂固化过程中出现凝胶的时间受许多因素的影响,如温度、固化剂使用量及其型号和催化剂等助剂。

热固性环氧沥青的制备是多种组分溶体均匀混合,由于各组分本身的复杂性,混合后各组分之间相互反应,导致混合后的黏度并不是单一组分之间的叠加。当环氧沥青中的固化组分与环氧树脂混合后,化学反应就随之开始,体系的黏度随着时间的延长逐步增加,反应达到一定阶段后,形成了不可逆的不溶凝胶体。环氧沥青与集料拌和过程中,如果作为结合料的热固性环氧沥青黏度过低,则集料表面的环氧沥青膜较薄,集料与集料之间的黏附力较低,容易导致环氧沥青混合料在运输、卸料、摊铺过程中出现离析。如果黏度较高,又会导致拌和不均匀。因此,对于热固性环氧沥青体系,在凝胶出现前必须完成环氧沥青混合料摊铺和碾压等施工工序,如果在摊铺和碾压前环氧沥青体系出现凝胶,则会导致摊铺困难和碾压不实。环氧沥青混合料拌和、摊铺、碾压等施工工序是环氧沥青黏度体系控制的重点阶段,环氧沥青体系的流动特性与拌和工艺密不可分,固化进程中体系的流动特性则直接影响压实工艺和施工时间的控制。

热固性环氧沥青的混合体系受共混物的形态与结构影响,在黏度体系设计时,可参照非均相共混物的黏度公式[式(19-1)和式(19-2)]进行试算。

$$\eta_{\mathrm{m}} = \eta_2 + \frac{\Phi_1}{\dfrac{1}{\eta_2 + \eta_1} + \dfrac{1}{2} \cdot \dfrac{\Phi_2}{\eta_2}} \tag{19-1}$$

$$\eta_{\mathrm{d}} = \eta_1 + \frac{\Phi_2}{\dfrac{1}{\eta_2 - \eta_1} + \dfrac{1}{2} \cdot \dfrac{\Phi_1}{\eta_1}} \tag{19-2}$$

式中:η_{m}——黏度上限;

η_{d}——黏度下限;

η_1、η_2——组分1和组分2的黏度；

Φ_1、Φ_2——组分1和组分2的体积分数。

对于热固性环氧沥青体系黏度，一般情况下，要求其环氧树脂与固化剂混合后的黏度达到一个值 η，如果选用的环氧树脂黏度一定，则固化剂体系黏度可以按照式(19-1)和式(19-2)进行计算。

闵召辉在国内最早对环氧沥青黏度体系开展了深入研究，利用自制的环氧沥青，其中固化剂(B组分)为自制[1]。试验温度设定为80℃、90℃、100℃、110℃、120℃，A、B组分混合后立即采用Brookfield旋转黏度计(27号转子，100% RPM❶)测量混合后的黏度，测试结果见表19-1。实测结果 $\eta_{m(实)}$ 与式(19-1)和式(19-2)预测黏度有较好的线性相关性，回归公式见式(19-3)和式(19-4)。

$$\eta_{m(实)} = 0.5687\eta_m + 27.115 \quad (R^2 = 0.993) \tag{19-3}$$

$$\eta_{m(实)} = 4.579\eta_d + 13.945 \quad (R^2 = 0.998) \tag{19-4}$$

环氧树脂与固化剂混合组分的黏度计算结果 表19-1

温度(℃)	式(19-1)预测值 η_m (mPa·s)	式(19-2)预测值 η_d (mPa·s)	实测值 $\eta_{m(实)}$ (mPa·s)
80	929.27	117.15	548.16
90	469.48	64.81	320.19
100	320.87	41.27	192.51
110	153.51	22.10	118.84
120	95.20	13.50	75.20

19.2 黏度变化规律

环氧沥青混合料采用常规的沥青混合料拌和设备进行拌和，类似于普通沥青混合料中的沥青，热固性环氧树脂沥青对集料起黏结与黏附作用。拌和过程中，黏度适中的热固性环氧树脂沥青起润滑作用，降低集料之间的摩擦力，从而降低搅拌耗能，使拌和后的混合料均匀。如果黏度较大，则搅拌过程中容易导致混合料成团，拌和困难；相反，如果黏度较低，则拌和过程中容易产生离析，导致搅拌不均匀。对于普通沥青混合料，ASTM 01559规定，最佳拌和温度是沥青黏度为

❶ RPM表示设备每分钟旋转次数，是Revolutions Per Minute的缩写。

0.17Pa·s±0.02Pa·s时的温度。鉴于此,采用密级配设计的热固性环氧沥青与集料的最佳拌和温度设定为混合组分黏度为0.17Pa·s±0.02Pa·s时的温度。当环氧树脂(A组分)的黏度确定后,混合组分(B组分)的黏度是决定拌和工艺的主要影响因素。通常,混合料拌和过程中的温度是不变的,由于拌和时间较短,即固化组分和环氧树脂混合的时间较短,可忽略拌和时间的化学反应导致的黏度增长。

环氧树脂的固化过程通常是一种不均匀的状态。首先在环氧体系中产生不均匀的微凝胶体,这种微凝胶体随固化进程逐步增大。随着环氧树脂固化的进行,体系达到凝胶点。凝胶点之后的进一步反应就是热固化反应,在这一过程中微凝胶不断增长,体系由微凝胶体逐渐生成大凝胶体,直至形成凝胶体聚合物[2]。在黏度的表现上,初始阶段是高分子环氧树脂低聚物的形成阶段,通常黏度增长非常缓慢;当微凝胶出现后,黏度开始加速增长,随着微凝胶的不断聚集和增长,形成大凝胶时,黏度增长变得极为迅速;当大凝胶体形成三维空间网格时,黏度达到最大值。环氧沥青黏度增长的影响因素有组成材料的品种、混合温度以及催化剂含量等。闵召辉的博士论文对温度和催化剂用量对黏度的影响进行了深入的研究。

闵召辉以自制的环氧树脂固化组分与环氧树脂(E-51)按质量比2:1分别在120℃和130℃两种温度下进行混合,并采用Brookfield旋转黏度计(27号转子,100% RPM)进行黏度跟踪测试。图19-1是温度为120℃和130℃时黏度随时间变化的曲线。

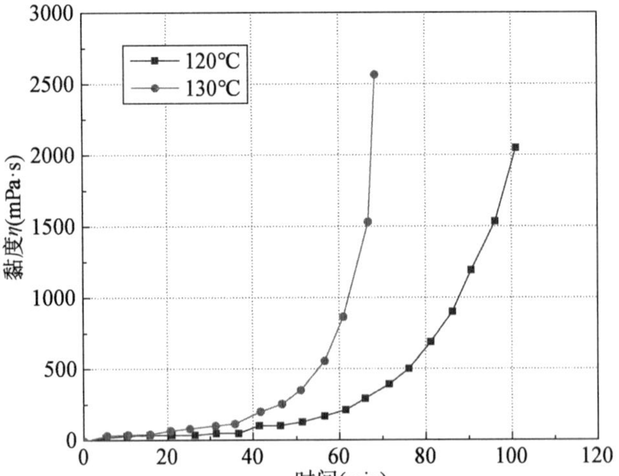

图19-1　环氧沥青黏度与温度和时间的关系(27号转子,100% RPM)

由图 19-1 可以看出两种温度下黏度增长的特征。其一,开始阶段黏度增长较慢,随着时间的增长,黏度增长加快,在最后阶段黏度急剧增长,在很短时间内迅速达到最大值,直至无法用旋转黏度计进行测量。其二,温度越高,黏度由缓慢增长过渡到急剧增长的时间越短;温度越低,黏度出现急剧增长的过渡时间越长。

如果将图 19-1 纵坐标轴的黏度换算为对数,则黏度和时间出现良好的线性关系(图 19-2),反映了等温固化过程中黏度的时间依赖性。

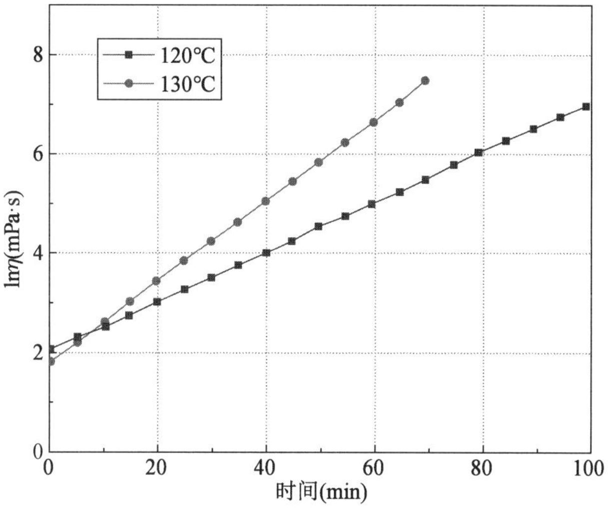

图 19-2　黏度对数与时间的关系

闵召辉对环氧沥青固化进程的流变模型进行了研究[1]。热固性环氧沥青固化体系的黏度随时间 t 和温度 T 的变化可以用方程式(19-5)表达:

$$\eta(t,T) = k \cdot \exp\left\{\frac{E_\eta}{RT}\right\} \cdot \exp\{k(T) \times t\} \tag{19-5}$$

式中:E_η——反应活化能参数;

R——气体常数;

T——绝对温度;

$k(T)$——反应速率参数。

对于等温固化的情况,对式(19-5)两边取对数,可以得到:

$$\ln\eta(t,T) = \ln\eta_{t\infty} + \frac{E_\eta}{RT} + t \times k(T_\infty)\exp\left\{-\frac{E_a}{RT}\right\} \tag{19-6}$$

从上式可以看出,若将 $\ln\eta(t,T)$ 对 t 作图应为一直线,可以简写为式(19-7):

$$\ln\eta(t,T) = a + bt \tag{19-7}$$

式中：$a = \ln\eta_{t\infty} + \frac{E_\eta}{RT}$；

$$b = k(T_\infty)\exp\left\{-\frac{E_a}{RT}\right\}。$$

结合图 19-1 的试验结果和式(19-6)，可以得到各参数的值，见表 19-2。根据表 19-2 的数据，可以得到不同温度下黏度随时间增长的关系曲线，见图 19-3。

环氧沥青黏度计算的各参数值 表 19-2

参　　数	数　　值
$\eta_{t\infty}$	2.0934×10^{-7}
E_η	5.7426×10^{4}
$k(T_\infty)$	6.5683×10^{6}
E_a	6.0966×10^{4}

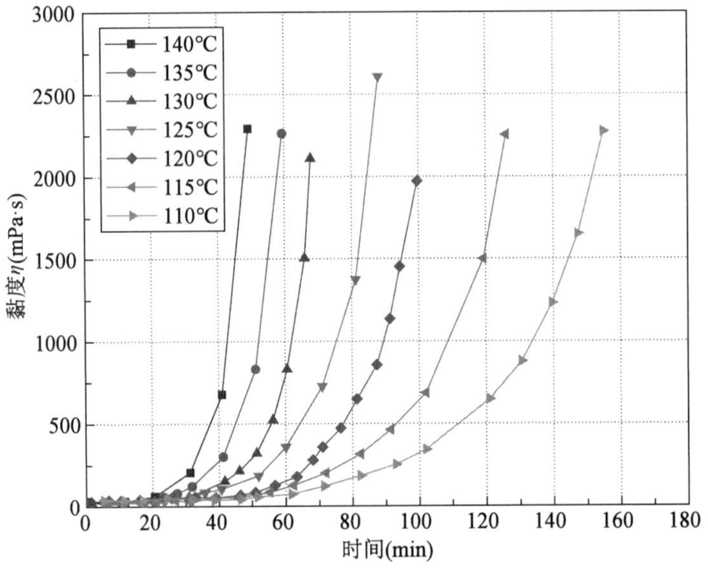

图 19-3　不同温度下环氧沥青的黏度增长曲线

催化剂及其用量对黏度的增长也有显著影响。采用 0.8%、0.9%、1.2% 三种比例作为催化剂的用量，其余组分的比例不变，自制三种不同热固性的环氧沥青固化组分。环氧沥青固化组分与环氧树脂(E-51)按照质量比 2∶1 进行混合，测试三种混合体系在 120℃的黏度温度曲线，如图 19-4 所示。

由图 19-4 可见，催化剂用量对环氧沥青黏结料的黏度变化规律有显著影响。催化剂用量越大，则达到相同黏度所用时间越短，单位时间内黏度增长越显著。

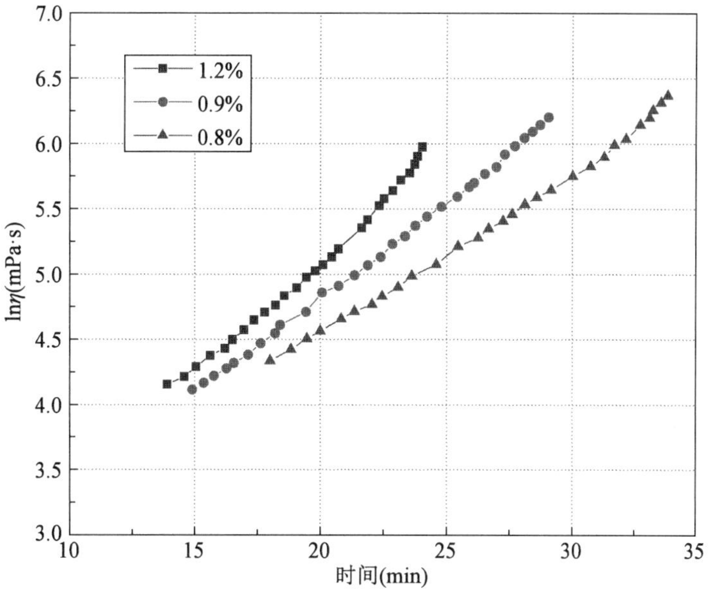

图 19-4　不同催化剂用量对黏度的影响

19.3 黏度对混合料性能的影响

对于普通沥青混合料,其流动性变化的主要原因是沥青结合料的黏度随温度的降低而增加。在混合料具有较适宜的流动性下进行压实,可以保证碾压后的混合料具有较大的密实度。如果混合料的温度降低较多,则碾压后的混合料密实性差,空隙率偏大,从而影响其路用性能[3]。《公路沥青路面施工技术规范》(JTG F40—2004)将沥青黏度为 0.28Pa · s ±0.03Pa · s 时的温度作为普通密级配沥青混合料的最佳碾压温度,这与 ASTM 01559 的规定相同。因此,对于普通沥青和一般的改性沥青混合料,其最佳压实温度是结合料的黏度为 0.28Pa · s ±0.03Pa · s 时的温度。对于黏度较大的改性沥青,有文献建议采用黏度为 1.00 ~1.40Pa · s 所对应的温度作为其混合料碾压温度[4]。根据试验研究和工程实践,美国 ChemCo 环氧沥青混合料的摊铺和压实工艺与普通沥青混合料基本相似。如两者具有相同的规律,则可选用环氧沥青结合料黏度为 0.28Pa · s ±0.03Pa · s 时进行施工压实,以期实现最佳压实效果。闵召辉对此进行了试验研究,将环氧沥青混合料在 130℃ 温度条件下进行拌和,并分别保温 40min、50min、60min 和 70min 后成型马歇尔试件,以获得不同体系黏度下的击实效果,击实功为双面 50 次,测取试件的物理指标,结果见表 19-3。

固化时间对马歇尔击实成型试件的影响 表 19-3

时间(min)	试件编号	试件高度(mm)	试件密度(g/cm^3)	试件空隙率(%)
40	4-1	630	2.53	3.99
	4-2	636	2.52	4.18
	4-3	647	2.52	4.16
	平均值	638	2.52	4.11
50	5-1	645	2.51	5.06
	5-2	640	2.49	5.42
	5-3	631	2.49	5.24
	平均值	639	2.50	5.24
60	6-1	652	2.48	5.59
	6-2	635	2.48	5.80
	6-3	657	2.50	5.07
	平均值	648	2.49	5.49
70	7-1	652	2.47	5.99
	7-2	656	2.48	5.81
	7-3	646	2.48	5.66
	平均值	651	2.48	5.82

分析表 19-3 的试验数据,在相同的击实功作用下,随着混合料保温时间的延长,可得到如下结论:

(1)由于体系黏度的增加,试件的密度随混合料保温时间的延长逐渐降低,空隙率逐渐增加,保温 70min 成型试件高度比 40min 的试件高 13mm,空隙率比 40min 的大 41.6%。因此随着黏度的增加,会显著影响压实度。

(2)根据图 19-1 黏度随时间变化的曲线可知,130℃条件下,40min 时,体系黏度为 0.135Pa·s,45min 时体系黏度为 0.207Pa·s,50min 时体系黏度为 0.312Pa·s。从表 19-3 可知,保温超过 50min 的混合料,试件密度开始下降,空隙率增加。

(3)试验结果表明,在压实效果与黏度的关系上,环氧沥青混合料与普通沥青混合料有相似的规律,即在体系黏度处于 0.28Pa·s 左右进行压实,则混合料可以获得最大密实度和最小空隙率。

19.4 混合料容留时间

需要说明的是,实际施工过程中,由于混合料的运输时间、摊铺、碾压工艺和施工环境等因素的影响,混合料的温度不可能与实验室的设定温度保持一样。因此,环氧沥青混合料的体系黏度受时间、温度、组分的影响十分复杂。现场测试和分析表明,实际施工过程中,混合料的黏度随时间增加,其与实验室恒温体系的黏度相比,后期(如40min)混合料黏度增加比实验室缓慢。闵召辉和黄卫的研究认为,当ChemCo环氧沥青体系黏度在0.28Pa·s左右时进行压实成型可以获得最大密实度和最小空隙率[5]。环境原因导致环氧体系的热量散失,与室内恒温体系的黏度相比,现场摊铺和碾压阶段黏度增长缓慢,初压后的混合料达到最佳压实黏度的时间增加了约30min,而对于松铺情况,则增加约60min。

根据大量试验研究,南京长江第二大桥钢桥面铺装提出了环氧沥青混合料拌和、摊铺、碾压的温度控制方法。首先将拌和、摊铺和碾压温度控制在110~121℃,并将混合料拌和后的出料温度、混合料卸入运料车时的温度在运料单上做好记录。在运料车车厢侧壁设置三支温度计,当运料车到达摊铺现场时,计算平均温度。根据各运料车温度高低,酌情调整卸料车的顺序,调整摊铺机的摊铺速度,并灵活调整后场拌和设备的出料速率,从而实现较为精准的合理施工组织。南京长江第二大桥钢桥面铺装的实践表明,该方法对保证工程质量有重要作用。润扬长江大桥钢桥面铺装采用的是美国ChemCo环氧沥青。表19-4是南京长江第二大桥和润扬长江大桥钢桥面铺装用环氧沥青混合料的容留时间[6]。武汉天兴洲长江大桥、上海长江大桥和闵浦大桥钢桥面铺装均采用国产SE-2910型环氧沥青混合料。表19-5是国产SE-2910型环氧沥青混合料容留时间[7-8],可见国产环氧沥青的温度范围较美国沥青更宽。

美国ChemCo环氧沥青混合料容留时间 表19-4

混合料温度(℃)	110	111	112	113	114	115	116	117	118	119	120	121
最长容留时间(min)	94	90	86	82	78	76	74	70	66	63	60	57
最短容留时间(min)	69	66	63	60	57	55	54	51	49	48	46	45

我国 SE-2910 型环氧沥青混合料容留时间　　表 19-5

混合料温度(℃)	110	112	114	116	118	120	122	124	126	128	130
最长容留时间(min)	90	84	79	75	72	70	68	66	63	59	55
最短容留时间(min)	42	41	39	37	33	30	30	30	30	30	30

注:容留时间定位为将环氧沥青从两组分开始混合至其混合料摊铺的时间、碾压密实的时间分别作为最短、最长容留时间节点。

图 19-5 是 HPEP-EAA 系列环氧沥青的黏度曲线,与图 19-1 和图 19-3 高温固化环氧沥青的黏度增长曲线形态不同,黏度增长速度明显变慢,有一个增长很慢的平台期,因此 EAA 环氧沥青的施工适用期大大高于高温固化环氧沥青。

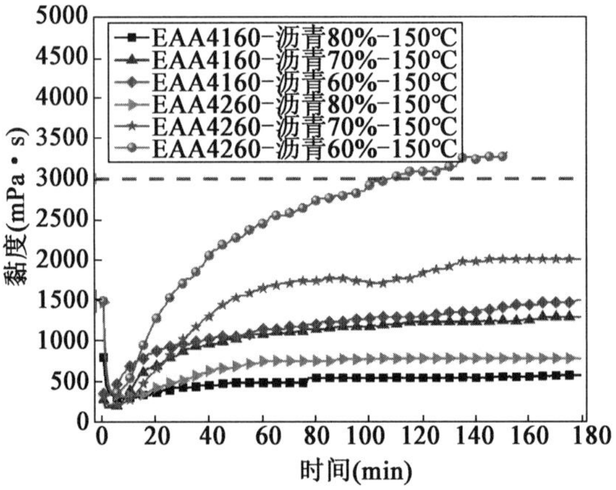

图 19-5　EAA 系列环氧沥青的黏度曲线

19.5 黏度体系与施工控制总结

对于环氧沥青的黏度体系与施工控制总结如下:

(1)黏度体系对环氧沥青混合料的施工工艺有重大影响,是确定施工温度和混合料施工容留时间的主要因素,直接影响混合料的压实度和空隙率。因此,在工程应用中必须高度重视,认真做好实验室的试验分析,必要时可通过试验段进行确认。

(2)根据试验研究和工程实践经验,以密级配为骨架结构的 ChemCo 环氧沥青与集料的最佳拌和温度是混合组分黏度为 0.17Pa·s ±0.02Pa·s 时的温度,最佳施工压实温度是环氧沥青结合料黏度为 0.28Pa·s ±0.03Pa·s 时的温度。

(3)普通沥青的黏度主要受温度的影响,环氧沥青的黏度除了受温度的影响以外，还与环氧沥青混合料的固化进程密切相关。当环氧沥青两组分混合后，固化反应随即开始，施工中从拌和到碾压，环氧沥青的黏度随时间增长逐步增加。如果过早地进行卸料、摊铺和碾压，此时结合料黏度较低，则容易导致混合料出现离析等现象；反之，如等待时间过长再进行施工，此时结合料的黏度过大，会导致摊铺困难和碾压不密实。因此，摊铺和压实工序必须严格控制好时间，在环氧沥青凝胶出现之前完成。

（4）不同品种的环氧沥青的黏度随时间和温度的变化规律可能存在较大差异，特别是采用不同类型固化剂的环氧沥青差别会更大。工程应用时，应根据环氧沥青的品种，开展有针对性的试验研究，明确黏度、时间和工序的关系，提出合适的施工工艺和施工质量控制方法。

（5）近二十年来，随着高分子化学工业的进步，固化剂品种日益丰富，为调制更符合工程需求的环氧沥青提供了可能性。因此，环氧沥青产品也更加丰富，同时对产品体系的黏度与施工工艺的研究也提出了更高的要求，工程应用选择环氧沥青时应重视对这个问题的研究，如机场道面集中摊铺时，要求环氧沥青混合料具有较长的容留时间。

（6）较高的混合料拌和温度必然会带来更多的碳排放，消耗更多的能源，在满足工程需求的前提下，应优先选取具有较低拌和、摊铺、压实温度的环氧沥青产品。

参考文献

[1] 闵召辉. 热固性环氧树脂沥青及沥青混合料开发与性能研究[D]. 南京：东南大学，2004.
[2] 陈平，刘胜平. 环氧树脂及其应用[M]. 北京：化学工业出版社，2004.
[3] 闵召辉，张占军，钱振东，等. 环氧沥青混合料强度的时温依赖性[J]. 中国公路学报，2007，20(3)：1-4.
[4] 罗桑，钱振东，沈家林，等. 环氧沥青流变模型及施工容留时间研究[J]. 建筑材料学报，2011，14(5)：630-633.
[5] 闵召辉，黄卫. 环氧沥青的粘度与施工性能研究[J]. 公路交通科技，2006，23(8)：5-8.
[6] 黄卫. 钢桥面铺装[M]. 北京：人民交通出版社，2006.
[7] 沈家林. 环氧沥青混合料关键时温节点研究[D]. 南京：东南大学，2010.
[8] 王建伟，沈家林，钱振东. 国产环氧沥青混合料施工控制[J]. 东南大学学报(自然科学版)，2009，39(6)：1226-1230.

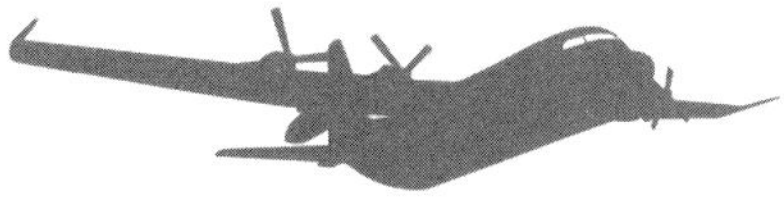

CHAPTER 20

第20章

环氧沥青中环氧体系含量分析

20.1 不同环氧体系含量的环氧沥青混合料性能

通过调整环氧沥青中环氧体系的含量与类型达到调整环氧沥青性能和成本的目的,从而更好地满足不同工程的需求,此领域的研究是我国环氧沥青研究者的重要创新。环氧体系是指环氧沥青中环氧树脂和固化剂等相关组分组成的体系,环氧体系是影响环氧沥青工程性能的主要因素。同时,由于环氧体系的单价与沥青单价相比通常会高3~5倍,因此环氧体系在环氧沥青中的含量也是环氧沥青成本的主要影响因素,环氧体系含量显著下降则意味着环氧沥青成本的显著降低。

表20-1是环氧体系含量与环氧沥青混合料马歇尔强度的关系的试验结果。环氧沥青为东南大学科研团队为机场道面专门配制的产品(SE-JC-A),所用沥青为SBS改性沥青。以ESMA-13为例,当环氧体系含量为30%时(即环氧沥青中沥青的含量为70%),初始马歇尔强度为9.19kN,固化后马歇尔强度为28.88kN。当环氧体系含量为50%时(即环氧沥青中沥青的含量为50%,这相当于ChemCo环氧沥青中沥青的含量),初始马歇尔强度为5.37kN,固化后马歇尔强度高达62.64kN。环氧体系含量由30%增加到50%,固化后的马歇尔强度提高了116.9%,但是初始马歇尔强度(未固化的马歇尔强度)却下降了71.1%。机场道面不停航施工时,要求初始马歇尔强度应达到一定的要求才能开放通航。EAC-20、EAC-16和EAC-13也有上述类似的规律。不同环氧沥青混合料的级配曲线如图20-1所示。

环氧体系含量与环氧沥青混合料马歇尔强度的关系　　表20-1

环氧体系含量(%)	级配类型	固化前			固化后		
		空隙率(%)	强度(kN)	流值(0.1mm)	空隙率(%)	强度(kN)	流值(0.1mm)
30	ESMA-13	3.56	9.19	21.5	3.58	28.88	19.5
35		3.51	8.57	25.4	3.51	44.60	18.2
40		3.45	7.44	29.3	3.55	50.87	17.5
50		3.51	5.37	34.1	3.61	62.64	16.8
25	EAC-20	2.06	12.66	19.5	2.11	23.30	21.1
30		1.95	12.55	21.3	2.03	33.71	20.4
35		1.85	12.31	24.3	1.99	42.41	18.9

续上表

环氧体系含量（%）	级配类型	固 化 前			固 化 后		
		空隙率（%）	强度（kN）	流值（0.1mm）	空隙率（%）	强度（kN）	流值（0.1mm）
40	EAC-20	1.93	11.20	25.6	2.01	46.33	17.6
50		1.89	9.61	28.5	1.91	53.42	16.8
25	EAC-16	2.22	12.66	24.5	2.15	23.31	22.2
35		2.14	12.31	25.6	2.16	36.28	20.5
40		2.15	11.85	26.7	2.06	44.38	19.4
45		2.16	11.20	28.5	2.13	50.71	18.5
25	EAC-13	1.95	12.25	24.6	2.15	24.51	23.5
35		1.81	11.86	23.6	2.16	37.12	22.6
40		1.85	11.31	24.2	2.06	45.21	20.1
45		1.86	10.61	25.1	2.13	51.23	19.6

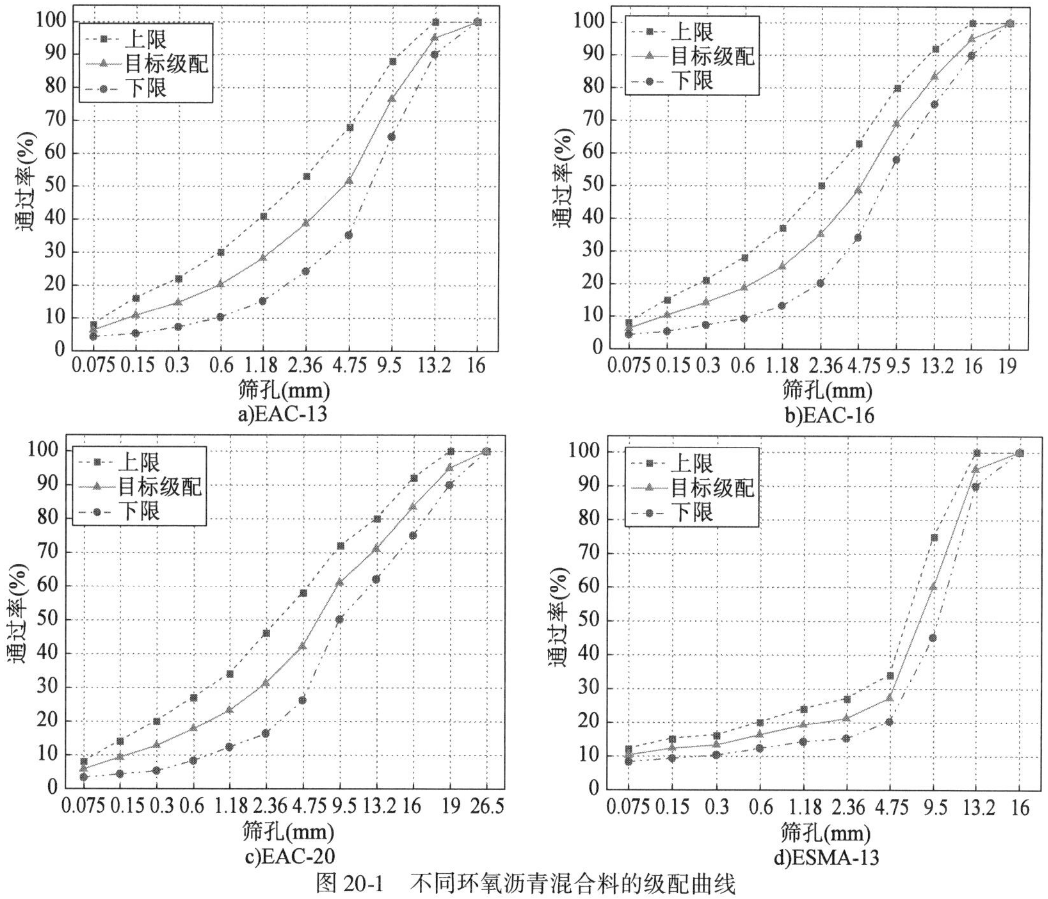

图 20-1 不同环氧沥青混合料的级配曲线

表 20-2 是环氧体系含量与环氧沥青混合料低温弯曲性能的关系的试验结果。随着环氧体系含量的增加,弯曲强度提高,极限弯曲应变减小。表 20-3 是环氧体系含量与环氧沥青混合料动稳定度的关系的试验结果。环氧沥青混合料的动稳定度虽然会随着环氧体系含量的下降而减小,但是在 25% 含量的情况下,环氧沥青混合料的动稳定度仍然明显好于常规的沥青混合料。

环氧体系含量与环氧沥青混合料低温弯曲性能的关系(-10℃) 表 20-2

环氧体系含量(%)	级配类型	极限弯曲应变(με)	弯曲强度(MPa)
30	ESMA-13	2410	17.67
35		2348	20.15
40		2288	22.34
45		1830	26.48
30	EAC-20	2150	15.86
35		2072	17.86
40		1888	21.56
45		1630	23.89
25	EAC-13	2155	16.78
35		2050	18.68
40		1895	22.28
45		1712	24.56
25	EAC-16	2210	14.77
35		2041	17.18
40		1899	19.45
45		1684	21.56

环氧体系含量与环氧沥青混合料动稳定度的关系 表 20-3

环氧体系含量(%)	级配类型	动稳定度(次/mm)
30	ESMA-13	13378
35		18304
40		24577
45		36583
30	EAC-20	11512
35		14326

续上表

环氧体系含量(%)	级配类型	动稳定度(次/mm)
40	EAC-20	24356
45		30512
25	EAC-13	9372
35		11640
40		16525
45		21727
25	EAC-16	10236
35		13365
40		17569
45		24563

林郭峰同样开展了不同环氧体系含量对沥青混合料性能的影响研究[1],采用贝雷法对 AC-13、AC-16、AC-20 进行环氧沥青混合料的级配优化设计。环氧沥青由环氧树脂、SBS 改性沥青以及由东南大学科研团队研发的含酸酐官能基团固化剂制备而成。环氧体系的含量分别为40%、35%、30%、25%和20%。最佳油石比下,不同环氧体系含量的环氧沥青混合料的马歇尔稳定度试验结果见表 20-4。

不同环氧体系含量的环氧沥青混合料的马歇尔稳定度试验结果 表 20-4

级配类型	不同环氧体系含量的环氧沥青混合料的马歇尔稳定度(kN)				
	20%	25%	30%	35%	40%
AC-13	17	20	37	45	57
AC-16	19	23	38	49	58
AC-20	16	19	25	39	47

由表 20-4 可以看出,随着环氧体系含量的增加,环氧沥青混合料的强度逐步增加。其中,稳定度最高的是环氧体系含量为40%、级配为 AC-16 的环氧沥青混合料,其稳定度达到58kN;最低的则是环氧体系含量为20%、级配为 AC-20 的环氧沥青混合料,其稳定度为16kN。除石灰岩 AC-20 外,环氧沥青混合料环氧体系含量由30%降低至25%时稳定度降幅最大,可以推测此时环氧体系含量对混合料的强度影响作用显著降低。

不同环氧体系含量中采用 AC-16 级配的环氧沥青混合料的稳定度较高,采用 AC-20 级配的稳定度均为最低,总体呈现出粒径越大,环氧沥青混合料的强度越低的规律。环氧体系的掺入能够显著提高混合料的马歇尔稳定度，然而沥青混合料除了满足稳定度指标要求外，还需要满足水稳定性、高温稳定性、低温抗裂性与耐久性等路用性要求，现将东南大学科研团队的相关研究成果总结如下：

（1）高温稳定性

沥青混合料的高温稳定性是指高温作用下沥青混合料路面在长期行车荷载作用下抵抗永久性变形的能力。研究通过采用室内轮辙试验评价不同沥青用量的环氧沥青混合料的高温稳定性。采用轮碾法成型环氧沥青车辙试件，试件尺寸为300mm×300mm×50mm。成型条件为140℃ 3h＋60℃ 3d。轮辙试验的测试温度为60℃，测试压强为0.7MPa±0.05MPa。环氧沥青混合料试件的轮辙试验结果如表20-5所示。

不同环氧体系含量的环氧沥青混合料的轮辙试验结果 表20-5

级配类型	不同环氧体系含量的环氧沥青混合料的动稳定度（次/mm）				
	20%	25%	30%	35%	40%
AC-13	6000	14400	19500	24300	24950
AC-16	11000	14900	17400	20500	26100
AC-20	10500	12500	14300	18600	23200

可以看出，随着环氧体系含量的增加，环氧沥青混合料的动稳定度均逐渐提高，其中动稳定度最高的是环氧体系含量40%的AC-16，动稳定度达到26100次/mm；动稳定度最低的是环氧体系含量20%的AC-13，动稳定度为6000次/mm。可见掺加环氧组分能够显著改善混合料的高温性能。环氧体系含量由30%降低至25%的环氧沥青混合料动稳定度变化最显著，该规律与环氧沥青混合料马歇尔稳定度的试验结果规律类似，其原因是当环氧体系含量低于30%时，环氧体系组分降低，环氧体系的固化作用显著减弱。

由图20-2可直观看出，实际增加环氧体系含量达到15%后，混合料具备优异的抗高温变形性能，在荷载作用下几乎不产生高温变形病害，可有效满足机场道面等高胎压荷载作用。

图20-2 不同环氧体系含量混合料抗高温变形性能

(2)低温抗裂性

沥青混合料的低温性能主要由低温抗裂性表征。低温抗裂性是指在低温条件下沥青路面在车辆荷载作用下抵抗开裂的能力。研究采用小梁低温弯曲试验来评价不同环氧体系含量的环氧沥青混合料的低温稳定性。同样用轮碾法制备车辙试件,与研究高温性能的车辙试验的养生条件相同,固化后采用切割机切割成棱柱体试件,试件尺寸为250mm×30mm×35mm。将试件对称安放在支座上,试件上下方向应与试件成型时的方向一致。测定支点间距为200mm,测试温度为-10℃。试验结果如表20-6所示。

不同环氧体系含量的环氧沥青混合料的小梁低温弯曲试验结果 表20-6

级配类型	不同环氧体系含量的环氧沥青混合料的弯曲强度(MPa)				
	20%	25%	30%	35%	40%
AC-13	11.8	15.0	15.1	15.9	16.2
AC-16	13.1	15.3	16.4	16.5	16.8
AC-20	8.2	11.0	11.2	14.1	16.4

从表20-6可以看出,随着环氧体系含量的增加,环氧沥青混合料的弯曲强度有增加趋势,其中AC-16级配的弯曲强度最高,AC-13和AC-20级配的弯曲强度均较低。整体上看,环氧组分的掺入对混合料弯曲强度的提升有明显的效果。

(3)水稳定性

沥青混合料的水稳定性是指沥青路面抵抗水损害的能力。研究采用浸水马歇尔试验和冻融劈裂试验来评价沥青混合料的水稳定性。按照相关标准制备马歇尔试件,设置多组平行试验。环氧沥青混合料浸水马歇尔试验结果如表20-7所示。

不同环氧体系含量的环氧沥青混合料的浸水马歇尔试验结果 表20-7

级配类型	不同环氧体系含量的环氧沥青混合料的残留稳定度(%)				
	20%	25%	30%	35%	40%
AC-13	93.0	92.5	92.0	90.5	91.5
AC-16	89.5	90.5	90.5	93.0	93.0
AC-20	88.0	91.0	91.0	90.0	92.5

从表20-7可以看出,随着环氧体系含量的增加,除AC-13级配外,环氧沥青混合料的残留稳定度有一定上升的趋势。所有级配和不同环氧体系含量的环氧沥青混合料的残留稳定度均在85%以上,均符合规范要求。混合料空隙率是影响水

稳定性的重要因素,研究级配设计采用的是贝雷法,集料嵌挤较为密实,因此空隙率较小,故而各个试验组的残留稳定度均较为接近。

评价沥青混合料的抗水损害也可以采用冻融劈裂强度比(TSR)指标,沥青胶结料在冻融条件下发生冻胀作用,脱离集料表面致使沥青混合料强度降低,从而反映沥青混合料的抗水损害能力。试验时将试件分为两组:第一组试件在室温下放置;第二组试件进行真空饱水保存,而后再放入 -18℃ ±0.5℃的环境箱中进行冷冻,时间为16h。试件取出后立即放入60℃ ±0.5℃水箱浸泡24h,将两组试件做好标记,放入25℃ ±0.5℃的水浴箱中不少于2h,最后进行劈裂强度试验。环氧沥青混合料冻融循环试验结果如表20-8所示。

不同环氧体系含量的环氧沥青混合料的冻融循环试验结果 表20-8

级配类型	不同环氧体系含量的环氧沥青混合料的TSR(%)				
	20%	25%	30%	35%	40%
AC-13	95.7	95.8	95.1	94.8	95.0
AC-16	95.0	95.1	95.0	94.6	94.9
AC-20	94.4	95.3	94.5	94.2	94.5

从表20-8可以看出,不同环氧体系含量下,环氧沥青混合料的冻融劈裂强度比均达到94%以上,可见环氧沥青混合料有较优的抗水损害的能力。整体上来看,粒径较大的环氧沥青混合料在相同沥青用量下的TSR较低,原因是其空隙率较大,一定程度上影响了混合料的抗水损害性能。

(4)疲劳性能

采用小梁弯曲试验来研究不同环氧体系含量的环氧沥青混合料的疲劳性能。为了提高疲劳试验效率,以AC-13为设计级配,试验材料采用环氧体系含量为20%、30%、40%的环氧沥青,同时采用相应的SBS改性沥青(即沥青用量为100%)作为对照。用轮碾法制备车辙试件,与研究高温性能的养生条件相同,固化后采用切割机切割成棱柱体试件,试件尺寸为250mm×30mm×35mm。采用应力控制模式进行三点弯曲疲劳试验,试验温度为15℃,加载波形为半正矢波,加载频率为10Hz,试验设备采用UTM25。表20-9列出了不同环氧体系含量的环氧沥青混合料的小梁弯曲试验结果。

不同环氧体系含量的环氧沥青混合料的小梁弯曲试验结果　　表20-9

环氧体系含量（%）	编号	破坏荷载（kN）	破坏荷载平均值（kN）	跨中位移（mm）	跨中位移平均值（MPa）	破坏强度（MPa）	破坏强度平均值（MPa）	变异系数
0	1	0.691	0.71	0.857	0.81	5.64	5.80	0.02
	2	0.714		0.865		5.83		
	3	0.725		0.719		5.92		
20	1	0.965	1.07	0.632	0.63	7.88	8.72	0.15
	2	0.943		0.671		7.70		
	3	1.296		0.584		10.58		
30	1	1.645	1.51	0.621	0.56	13.43	12.32	0.07
	2	1.396		0.52		11.40		
	3	1.487		0.547		12.14		
40	1	2.402	2.42	0.583	0.58	19.61	19.75	0.03
	2	2.333		0.502		19.04		
	3	2.523		0.645		20.60		

15℃下的小梁弯曲试验，环氧沥青混合料的破坏强度明显高于SBS改性沥青混合料，可见在常温状态下，环氧沥青混合料的抗弯拉能力明显优于SBS改性沥青混合料。随着环氧体系含量的增加，环氧沥青的破坏强度逐渐提高。从跨中挠度值来看，SBS改性沥青的挠度值较大，弯曲变形量较大，可见其弯曲模量较低。

选取试验得到的弯曲强度值，应力比选取0.3、0.4、0.5、0.6，对不同环氧体系含量的环氧沥青混合料试件进行三点弯曲疲劳试验，以试件断裂时间作为疲劳试验结束时间，对应的加载次数为疲劳寿命。试验结果如表20-10所示。

不同环氧体系含量的环氧沥青混合料的三点弯曲疲劳试验结果　表20-10

应　力　比	不同环氧体系含量的环氧沥青混合料的疲劳寿命(次)			
	0%	20%	30%	40%
0.3	4200	11000	13900	23800
0.4	2100	4900	5500	9500
0.5	1100	2150	2600	4500
0.6	650	1000	1250	1900

可以看出，在相同应力比条件下，环氧沥青混合料的疲劳寿命与环氧组分的掺量正相关，并且环氧沥青混合料的疲劳寿命均远高于SBS改性沥青混合料。随

着应力比的增加,环氧沥青混合料和 SBS 改性沥青混合料的疲劳寿命逐渐下降。环氧沥青混合料与普通沥青混合料相比疲劳性能较优异,环氧与固化剂形成的三维网状热固性材料包裹着沥青这一分散性物质,使得强度、疲劳性能得到极大的增强。环氧体系含量从 40% 降低至 30% 时,环氧沥青混合料疲劳寿命下降的幅度较大,可见环氧掺量低于 40% 时,环氧形成的热固性物质对沥青的包裹较为不足,导致其强度和疲劳性能开始有较大幅度的下滑。

20.2 不同环氧体系含量的环氧沥青混合料在机场道面中的应用

环氧体系在环氧沥青中所占的比例还会显著影响环氧沥青混合料的容留时间,通常环氧体系所占比例下降,则会增加环氧沥青混合料的容留时间,提高混合料的初始马歇尔强度,这对于要求不停航进行机场道面加铺的工程有益。在进行道面结构组合设计时,有些结构层可酌情考虑采用环氧体系含量相对低的环氧沥青混合料,在满足工程性能要求的前提下,同时可以降低工程造价。

东南大学科研团队为某机场道面应用环氧沥青混合料进行了专题研究[2]。由于该工程为不停航施工,施工要求环氧沥青混合料最长应具有 5h(300min)的施工容留时间。机场道面环氧沥青混合料试验流程见图 20-3。采用 AC-13 级配中值,油石比选取 5.3%,沥青为标号 110 号的克拉玛依沥青(油石比为 5.3%)和中海沥青(油石比为 5.6%),集料为玄武岩,环氧沥青中环氧体系所占比例分别为 30%、25%、20%、10%。混合料拌和温度为 140~150℃,保温 3h 后成型马歇尔试件,双面各击实 75 次,制备的马歇尔试件在 60℃恒温环境中分别养生 2d 和 4d 后测试马歇尔强度。测试结果见表 20-11。

不同环氧体系含量的环氧沥青混合料马歇尔试验结果(克拉玛依沥青)

表 20-11

环氧体系含量(%)	养生时间(60℃)					
	初始		2d		4d	
	强度(kN)	流值(0.1mm)	强度(kN)	流值(0.1mm)	强度(kN)	流值(0.1mm)
30	9.28	39.9	50.99	38.6	51.83	41.9

续上表

环氧体系含量(%)	养生时间(60℃)					
	初始		2d		4d	
	强度(kN)	流值(0.1mm)	强度(kN)	流值(0.1mm)	强度(kN)	流值(0.1mm)
25*	9.03	31.4	—	—	26.98	43.6
20	8.23	32.9	23.47	35.8	24.14	38.9
10	7.11	43.2	10.19	35.2	10.22	37.7

注：* 采用中海沥青，150℃保温 300min，其他试件采用克拉玛依沥青。

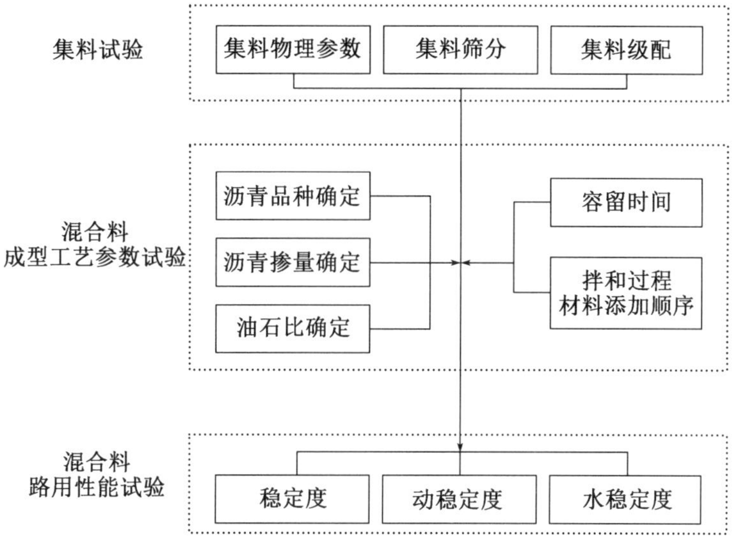

图 20-3　机场道面环氧沥青混合料试验流程

由表 20-11 可知，60℃固化 2d 和 4d 的马歇尔稳定度差距很小。30% 环氧体系含量的环氧沥青混合料，马歇尔稳定度达到 50kN，是常规 AC 的 4 倍左右；20% 环氧体系含量的环氧沥青混合料，马歇尔稳定度大于 23kN；10% 环氧体系含量的环氧沥青混合料，马歇尔稳定度由初始的 7.11kN 上升到 10.22kN。将 25% 环氧体系含量的环氧沥青混合料拌和后放入 150℃烘箱中保温 5h，然后进行车辙板成型。测得车辙板 60℃养生 4d 的动稳定度见表 20-12。随着环氧体系含量的增加，混合料的动稳定度显著提高。

不同环氧体系含量的环氧沥青混合料的动稳定度(中海沥青)　　表 20-12

环氧体系含量(%)	固化条件	动稳定度(次/mm)	总位移(mm)
25	初始	815	5.58
	60℃,4d	24499	0.98
20	初始	352	11.18
	60℃,4d	12800	2.77

郭荣昌等以西安咸阳国际机场北飞行区道面改造和新建滑行道工程为依托,按照不停航施工要求,对机场道面环氧沥青混合料加铺工程进行了研究[3]。上面层环氧沥青混合料采用 AC-13 级配,采用 SBS 沥青。通过马歇尔试验、单轴贯入剪切试验、直接剪切试验和车辙试验研究环氧体系含量为 0%、15%、25%、35%,油石比均为 5.1% 的环氧沥青混合料的性能。试验结果表明,环氧沥青混合料较其他类型的机场道面加铺材料具有显著的优势。部分试验结果见表 20-13 和表 20-14。

环氧沥青混合料(AC-13 级配)车辙试验结果　　表 20-13

环氧体系含量(%)	动稳定度(次/mm)		总变形量(mm)		动稳定度比值 DR	变形比值
	60℃	80℃	60℃	80℃		
0	4166	552	1.209	6.651	13.3	5.5
15	8600	7033	1.141	1.502	81.8	1.32
25	13695	11887	0.525	0.620	86.8	1.18
35	>20000	>20000	—	—	100.0	1.00

环氧沥青混合料(AC-13 级配)直接剪切试验结果　　表 20-14

温度(℃)	不同环氧体系含量的环氧沥青混合料(AC-13 级配)的抗剪强度(MPa)			
	0%	15%	25%	35%
25	1.22	1.80	2.79	4.22
60	0.21	0.67	1.30	2.04

采用动稳定度比值 DR 来评价混合料高温性能的衰变规律。在 60℃ 和 80℃ 条件下,掺加环氧体系后混合料的动稳定度均显著提高,60℃ 时动稳定度呈指数形式增长,当环氧剂掺量为 25% 时,动稳定度可达 10000 次/mm 以上。同时,环氧体系含量的增加不仅提高了混合料的动稳定度,而且提高了其抵抗高温衰变的能力。环氧体系含量为 25% 时,60℃ 和 80℃ 温度下的动稳定度均在 10000 次/mm

以上,而且衰变较小;含量为35%时,混合料的动稳定度衰变几乎为0。除动稳定度外,抗剪强度也随着环氧体系含量的增加而显著提高,特别是在高温条件下。综合考虑造价和工程要求,建议道面上面层环氧体系含量不低于25%,中、下面层环氧体系含量可适当降低。

20.3 环氧沥青中环氧体系含量分析总结

对环氧沥青中环氧体系含量的研究有如下认识和说明:

(1)环氧沥青中环氧体系的含量会显著影响环氧沥青及其混合料的性能。环氧沥青研究初期,限于环氧树脂和沥青相容性等技术难题,环氧体系含量的调整比较困难。近年来随着高分子化学工业的快速发展,特别是固化剂品种日益丰富,环氧沥青性能可以通过调整环氧体系含量等手段进行改善,环氧沥青产品也更加丰富。

(2)环氧沥青中环氧体系的含量也是工程造价的重要指标,选用材料时宜根据工程的全寿命周期、成本以及结构性能等要求予以综合考虑。

(3)在机场道面选用环氧沥青材料时,对于大型繁忙机场,根据道面的受力特点,可以选择环氧体系含量较高(如30%~40%)的环氧沥青用于上面层。

(4)轮辙是大型机场道面的主要损坏形式,而中面层的剪切变形是轮辙的重要贡献部分,因此仍需要重视中面层混合料抗剪切的能力,环氧沥青混合料是较好的选择。考虑到尽可能降低成本,可选择环氧体系含量相对较低(如20%~30%)的环氧沥青用于中面层。

(5)机场道面不停航加铺环氧沥青道面时,通常要求环氧沥青混合料有较长的容留时间,提高沥青用量是加大容留时间的方法之一。环氧沥青体系中沥青用量越大,环氧沥青固化进程越慢。

参考文献

[1] 林郭锋.基于耐久性路面的环氧沥青混合料性能研究[D].南京:东南大学,2022.
[2] 闵召辉,黄卫.机场道面环氧沥青混合料试验总结[R].东南大学,2018.
[3] 郭荣昌,王春,张玲燕,等.机场道面环氧沥青混合料加铺施工技术[J].筑路机械与施工机械化,2018,35(3):92-98.

CHAPTER 21

第21章

机场道面力学响应分析

21.1 机场道面结构参数影响分析

我国建设的机场道面近90%是水泥混凝土道面,使用若干年后,道面会出现结构性损坏和表面使用功能的下降,加之大型飞机的普遍使用,往往需要对原水泥混凝土道面进行加固,最常用的加固方式是在水泥混凝土道面上加铺沥青混合料面层。根据对国内机场水泥混凝土道面加铺沥青面层使用状况的调查,在沥青加铺层的诸多病害类型中,裂缝和轮辙发生比例最高,反射裂缝与滑移裂缝普遍存在。上海虹桥国际机场2000—2002年沥青加铺层病害调研发现,各类病害中,裂缝总数占比60.3%,其中,反射裂缝占28.6%,滑移裂缝占20%,而轮辙占16.9%。厦门高崎国际机场2004年和2007年病害调研发现,轮辙和裂缝在不同的病害类型中所占比例最高,轮辙占比分别为55.4%(2004年)和23.1%(2007年),裂缝所占比例分别为28.8%(2004年)和40.9%(2007年)。调研还发现反射裂缝和加铺层滑移裂缝的发生与道面结构受力特性及层间接触状况密切相关。

翁兴中对机场水泥混凝土道面加铺薄层沥青混合料的受力进行了分析[1]。分析的结构参数为:沥青混合料的弹性模量 $E_1=1500\text{MPa}$,泊松比 $\mu_1=0.25$,水泥混凝土道面厚度 $h_2=20\text{cm}$,弹性模量 $E_2=35000\text{MPa}$,泊松比 $\mu_2=0.15$;水泥混凝土道面下基层计算回弹模量 $E_0=200\text{MPa}$,荷载为歼8型飞机。当沥青混合料加铺层厚度 $h_1=4\text{cm}$,加铺层与水泥混凝土道面的界面模量 $\lambda=1\text{N/mm}^3$ 时,计算出的最大剪应力 $\tau_{max}=0.746\text{MPa}$,位置为铺装层表面;最大主拉应力 $\sigma_{max}=0.384\text{MPa}$,位置为荷载的边缘,距加铺层表面2cm处。剪应力比主拉应力大约1倍,沥青混合料的抗剪强度要明显低于抗拉强度,因此可以认为沥青混合料加铺层的破坏主要是由剪应力引起的剪切破坏。道面最大剪应力随加铺层厚度变化的计算结果见表21-1,可知增加加铺层厚度可以减小加铺层的剪应力。道面最大剪应力随加铺层沥青混合料弹性模量变化的计算结果见表21-2。计算结果表明,随着弹性模量的增加,最大剪应力小幅度减小,位置由道面表面逐渐向下移动。

道面最大剪应力随加铺层厚度变化的计算结果 表21-1

加铺层厚度(cm)	4	6	8	10
最大剪应力(MPa)	0.746	0.695	0.654	0.616

道面最大剪应力随加铺层沥青混合料弹性模量变化的计算结果　　表 21-2

弹性模量(MPa)	1500	2000	3000	4000	5000	6000
最大剪应力(MPa)	0.695	0.693	0.688	0.682	0.671	0.665

沥青混合料的弹性模量与温度有关,温度升高时弹性模量减小,因此高温季节加铺层更容易产生剪切破坏。当加铺层厚度 $h_1 = 6\text{cm}$ 时,道面最大剪应力随加铺层与旧道面的黏结程度(即界面模量 λ)变化的计算结果见表 21-3。

道面最大剪应力随界面模量 λ 变化的计算结果　　表 21-3

界面模量 λ(N/mm^3)	0.5	1.0	1.5	2.0	2.5
最大剪应力(MPa)	0.710	0.695	0.685	0.676	0.670

根据表 21-3 的计算结果可知,随着加铺层界面黏结强度的增加(即界面模量 λ 增大),加铺层的最大剪应力减小。通常加铺层与旧道面界面的黏结强度随着温度的升高而降低,因此在高温季节,沥青混合料薄层与旧道面的黏结程度降低,易导致加铺层的剪切破坏。理论分析和工程实践均表明,在飞机荷载的作用下,薄层道面加铺结构易产生剪切破坏,夏季高温时破坏会更加明显,在道面结构设计时须进行沥青混合料的抗剪强度验算。适当增加加铺层厚度,加强加铺层与旧道面结构之间的层间黏结,提高加铺层材料的高温稳定性和抗剪切强度,可以延长加铺结构的使用寿命。

郝航程针对上海虹桥国际机场第三次跑道加铺工程,分析了旧水泥混凝土道面加铺层反射裂缝的类型及其成因[2],提出道面加铺设计的核心任务是控制反射裂缝。有限元分析选用的道面结构几何尺寸和材料计算参数见表 21-4。荷载为波音 767-200,胎压为 1.31MPa,假设轮载为矩形均布荷载。

道面结构几何尺寸和材料计算参数　　表 21-4

道面结构层	计算模型 (长 *X*-宽 *Y*-厚 *Z*)(m)	弹性模量 *E* (MPa)	泊　松　比
沥青加铺层	10.01-5-(0.05～0.30)	1800	0.30
夹层(可选)	10.01-5-0.005	4000～80000	0.35
旧水泥混凝土面层	(5+5)-5-0.30	30000	0.15
水泥碎石基层	14.01-9-0.25	2000	0.20
土基	14.01-9-10	60	0.40

采用有限元法分析荷载作用在水泥混凝土道面接缝一侧的板中位置时，加铺层厚度变化以及铺设土工合成材料对加铺层底应力的影响。计算结果见图21-1。

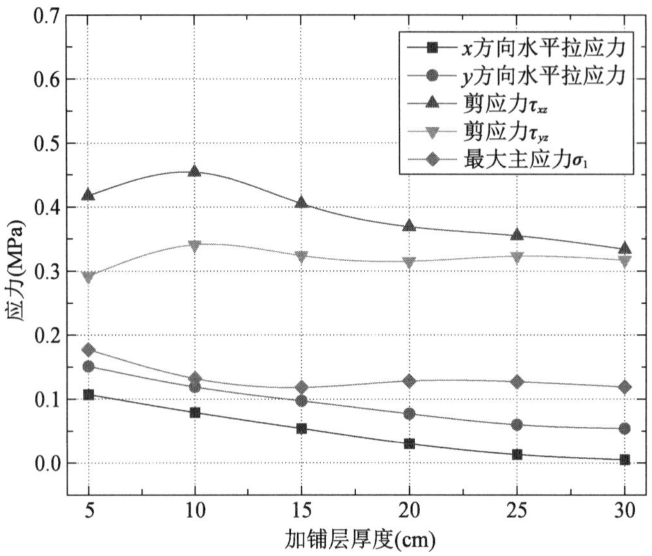

图21-1　加铺层厚度对加铺层底应力的影响

计算表明，加铺层底部处于受压状态，当加铺层厚度从5cm增加到30cm时，接缝处沥青加铺层底部的剪应力先增大后减小，加铺层厚度为10cm的加铺层底部剪应力最大；当加铺层厚度大于15cm时，加铺层底部的剪应力随着厚度的增加而减小，但减小的幅度变缓。最大剪应力τ_{xz}和τ_{yz}以及最大主应力σ_1是引起接缝处沥青加铺层产生反射裂缝的主要原因。

中国民航机场建设集团公司和东南大学以首都国际机场F滑行道加铺方案为例，采用有限元法对道面加铺结构的受力状态进行了系统的分析[3-4]。加铺道面结构形式和计算参数见表21-5。采用A380-800作为荷载机型，该机型有4个主起落架，拥有20个机轮。分析时将轮载简化为矩形均布荷载，相关荷载参数采用美国联邦航空管理局(FAA)的机场道面结构设计软件FAARFIELD提供的A380-800机型参数(表21-6)，主起落架荷载简化见图21-2。

加铺道面结构形式和计算参数　　表21-5

结构层位与材料	厚度(cm)	弹性模量(MPa)	泊　松　比
SMA-13上加铺层	6	1500	0.3
AC-16下加铺层	9	1200	0.3

续上表

结构层位与材料	厚度(cm)	弹性模量(MPa)	泊　松　比
旧水泥混凝土道面	44	30000	0.15
水泥稳定碎石上基层	20	1700	0.25
水泥稳定碎石下基层	25	1300	0.25
土基	—	60	0.4

A380-800 机型荷载作用参数取值　　表 21-6

飞机最大起飞重量(t)	主起落架数量(个)	荷载分配系数	机轮数量(个)	胎压(MPa)	轮印长(cm)	轮印宽(cm)	轮印覆盖面积(cm^2)
550	4	0.95	20	1.50	50.3	34.6	1740

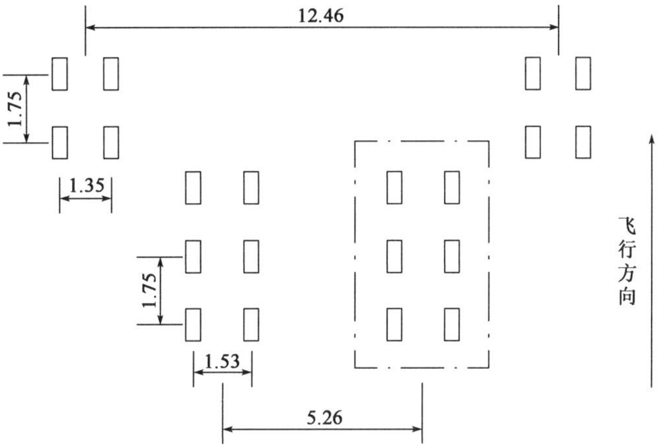

图 21-2　A380-800 主起落架荷载简化图(尺寸单位:m)

有限元模型尺寸为 15m×15m×1m,旧水泥混凝土板尺寸为 5m×5m,板间设置传力杆,层间接触为完全连接。此外,选取 A321、B767 和 B777 三种典型机型荷载分别计算最不利荷载位置的力学响应,得到不同机型相对于 A380 的荷载响应换算系数,见表 21-7。由表 21-7 可知,大型飞机的荷载响应要显著大于单通道飞机,如 A380 导致的加铺层拉应力较 B321 高出近 1 倍,较 B777 高出 26.8%。

不同机型力学响应与 A380 的换算系数　　表 21-7

应力比例	A321	B767	B777
沥青层底面最大拉应力(%)	52.5	74.7	79.3
沥青层底面最大剪应力(%)	86.7	84.8	95.9
水泥混凝土层底面最大拉应力(%)	67.5	82.5	94.7

通过计算,主要分析结果如下:

(1)关于沥青加铺层厚度对力学响应的影响,分别选取加铺层厚度为10cm、15cm、20cm、30cm和40cm进行计算,计算结果如图21-3所示。

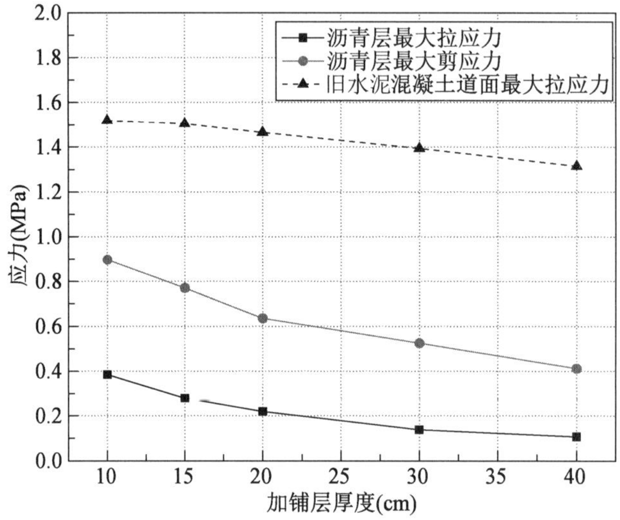

图21-3 不同加铺层厚度对结构层应力的影响

当沥青加铺层厚度由10cm增加到40cm时,沥青层的最大拉应力降低72.20%,最大剪应力降低54.07%,且当加铺层厚度大于20cm时,降幅有所减缓,旧水泥混凝土道面最大拉应力降低13.43%。

(2)关于层间接触状态对加铺层力学响应的影响,选取最不利荷载位置进行计算,结果见图21-4。分析可知,加铺层与旧水泥混凝土结构层的接触状态为完全连续时对沥青加铺层所受拉应力有利,当层间为光滑接触时会显著增大各结构层的拉应力,尤其是沥青加铺层底部拉应力更为显著;而剪应力随层间接触状态的变化则相反,光滑接触的情况下,加铺层与旧水泥混凝土结构层容易产生层间滑移,在接缝处更容易出现反射裂缝。因此,在进行加铺层结构组合设计和施工时,应确保加铺层与旧水泥混凝土道面具有良好的黏结力。分析还表明,A380机型荷载影响深度较大,存在明显的不同机轮的叠加效应,在结构计算时应予重视。

谌偲翔采用有限元法对机场水泥混凝土道面加铺沥青面层的力学响应进行了研究[5]。选取的道面结构和计算参数见表21-5,传力杆和拉杆的弹性模量取2.0×10^5MPa,泊松比为0.35。传力杆直径为25mm,长510mm,间距为400mm。拉杆直径为16mm,长710mm,间距为500mm。旧水泥混凝土道面板块尺寸为5m×5m。

机型参数仍采用表21-6所列数据，采用有限元法计算得到的各个应力指标极值列于表21-8。

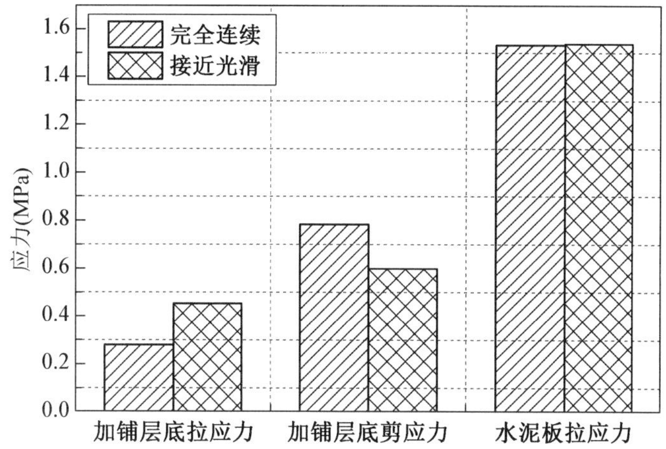

图21-4 不同层间接触状态下应力响应对比

A380荷载作用下沥青加铺层底部最大应力值 表21-8

纵向拉应力(MPa)	横向拉应力(MPa)	纵向剪应力(MPa)	横向剪应力(MPa)	表面竖向位移(mm)
0.279	0.203	0.771	0.293	-1.406

谌偲翔通过有限元计算和对水泥混凝土与SBS沥青混合料复合结构进行剪切试验，研究SBS黏结材料的性能。试件尺寸为10cm×10cm，水泥混凝土和沥青混合料的厚度均为4cm。SBS黏结材料的用量为0.4~0.6kg/m^2。沥青混合料的级配参照《民用机场沥青道面设计规范》(MH/T 5010—2017)中的AC-20选取。在室温(20℃)条件下测定的极限剪应力约为0.6MPa，断裂能为2917J/m^2。

21.2 飞机胎压影响分析

随着新一代大型飞机(B787、A350/380)的普遍使用，机场道面承受的飞机轮胎充气压力普遍达到1.5MPa，重载和高轮胎充气压力对机场道面的力学性能提出了新的要求。因此，分析重载和高胎压对道面结构的动力响应，对于指导机场道面材料组成和结构组合设计具有重要意义。凌建明、朱立国采用有限元法分析了非均匀分布重载高胎压条件下环氧沥青机场道面的动力响应，并用足尺试验对计算结果进行了验证,得到有价值的分析结果[6]。选取 1.45MPa 和 1.69MPa 两种胎压,采用非均布轮胎接触应力模式,轮胎接触荷载形式由 5 个平行的矩形条带组成,两边带尺寸为 60mm × 520mm,接触应力为 3.63MPa,中边带尺寸为 50mm × 520mm,中间带尺寸为 120mm × 520mm,中边带和中间带的接触应力均为 1.74MPa,作用带之间的间隔均为 15mm。道面结构和不同温度梯度下沥青混合料等材料参数见表 21-9。

环氧沥青道面结构有限元模型材料参数 表 21-9

结构层类型	温度(℃)	厚度(cm)	动态模量(MPa)	泊松比	密度(kg/m^3)	阻尼比
环氧沥青面层	55	4	1900	0.30	2200	0.15
AC-20 中面层	50	6	450	0.35	2200	0.15
AC-25 下面层	44	8	450	0.35	2200	0.15
水泥稳定碎石基层	35	20	5000	0.20	2100	0.05
石灰稳定土下基层	25	20	2000	0.20	1900	0.05
土基	—	—	188	0.40	1800	0.05

实测结果表明,随着载重的变化,飞机轮胎边缘的竖向接触压力高达轮胎充气压力的 1.5 ~3 倍。基于有限元分析结果可知,高胎压条件下非均布接触应力会引起更大的表面剪应变、压应变和偏应力,导致更大的轮辙深度。选用 SMA 和环氧沥青混合料分别作为面层,上、中、下面层温度分别取 55℃、50℃和 44℃,对应的动态模量分别为 1900MPa、450MPa 和 450MPa。分析表明:

(1)1.45MPa 和 1.69MPa 两种轮胎压力下,荷载应力响应的规律基本一致,轮胎均匀接触应力与非均匀接触应力有显著差异。1.69MPa 胎压条件下,横向弯拉应变、竖向压应变和横向剪应变较 1.45MPa 胎压分别增大 12.6%、16.8% 和 16.0%。

(2)环氧沥青面层底部的纵向最大弯拉应变出现在轮印中心,横向最大弯拉应变出现在靠近轮胎边缘。横向弯拉应变显著大于纵向弯拉应变,非均布轮胎接触压力引起的横向弯拉应变较均布接触压力增大了 2.48 倍。

(3)环氧沥青面层底部的最大横向剪应变也出现在轮胎的边缘,并且大于纵向剪应变,非均布轮胎接触压力相对于均布轮胎接触压力而言,横向剪应力的峰值上移至中面层顶部，且数值增大了1.03倍，而纵向剪应力的峰值仍在中面层的底部，其数值减小了18%。

(4)最大横向弯拉应力出现在环氧沥青混合料面层底部，横向拉应变和竖向压应变的峰值出现在深度4.75cm附近，呈现先增大后减小的状态。中面层和下面层内的剪应变总体上处于较高水平。

(5)轮胎与道面的非均布接触会导致环氧沥青混合料面层底部弯拉应力显著增大，10cm厚度范围内的剪应变增大，且其峰值大于弯拉应变峰值，结构层的应变均在深度4.75cm处产生拐点，且逐步减小。

(6)不同温度场条件下，荷载响应均有类似的规律，即横向弯拉应变、竖向压应变和横向剪应变的峰值仍出现在深度4.75cm处。

(7)将表21-9的环氧沥青面层更换为SMA-13面层时，相对于环氧沥青面层的荷载响应，横向弯拉应变、竖向压应变和横向剪应变的峰值由深度4.75cm处上升至2.5cm处，且峰值增加幅度均大于20%。说明在高胎压条件下，SMA面层更易产生轮辙和表面开裂，而环氧沥青铺装材料可以更好地防止道面产生轮辙和裂缝。

21.3 机场道面力学响应空间分布

环氧沥青混合料作为优异的铺面材料已经在机场道面的建设、维养中得以应用，而随着养生时间的增加，环氧沥青混合料材料属性不断发生改变。因此，明确环氧沥青混合料固化过程中道面力学响应的变化规律，对于不停航机场道面施工方案的制订至关重要。东南大学科研团队针对飞机荷载作用下机场道面力学响应的分布规律开展了数值模拟研究。为更好地引入环氧沥青混合料固化特征的影响，以表21-10所示的抗压回弹模量作为数值模拟参数。

不同龄期及养生条件下环氧沥青混合料的抗压回弹模量 表21-10

养生时间	1d	3d	5d	7d	60℃ 4d
抗压回弹模量(MPa)	872	1325	2259	3673	4138

选取A380-800为设计机型，将其起落架荷载图式进行适当等效简化，如图21-2所示。机场道面加铺层假设采用环氧沥青混合料EAC-13，计算参数见表21-11。

机场道面加铺层计算参数　　表 21-11

结构层	厚度(cm)	弹性模量(MPa)	泊松比
EAC-13 上面层	4	见表 21-10	0.3
AC-16 中面层	5	1500	0.25
AC-20 下面层	6	1200	0.25
原有水泥路面	44	30000	0.15
水泥稳定碎石基层	20	1700	0.25
水泥稳定碎石底基层	25	1300	0.25
土基	—	60	0.4

沿道面体系竖直方向的力学响应对结构竖向受压、受剪损坏有显著影响。研究中分析一个主起落架双轴轮荷载作用下加铺层的受力响应,竖向压应力见图 21-5,竖向剪应力见图 21-6。

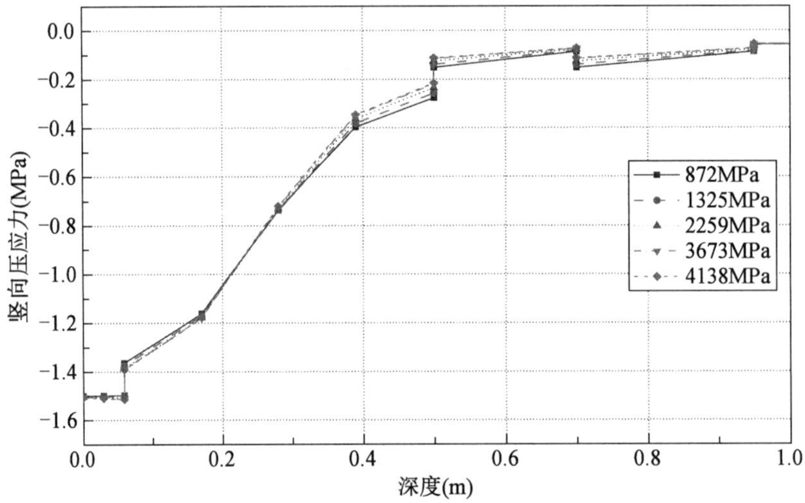

图 21-5　加铺层竖向压应力随深度变化规律

由图 21-5 可知,随着深度的增加,竖向压应力逐渐扩散并降低,且不同固化时期的 EAC-13 材料力学属性对竖向压应力的影响较小,表明固化作用对机场道面的竖向压应力影响可以忽视。图 21-6 数据表明,深度的增加同样会导致竖向剪应力的降低,但不同固化时期的 EAC-13 材料力学属性对竖向剪应力具有一定影响,主要表现为随着 EAC-13 回弹模量的增加,同一深度下竖向剪应力数值提高,即随着固化反应的发生,竖向剪应力数值逐步提高。深度超过 0.375m 后,竖向剪应力逐步趋近相同。

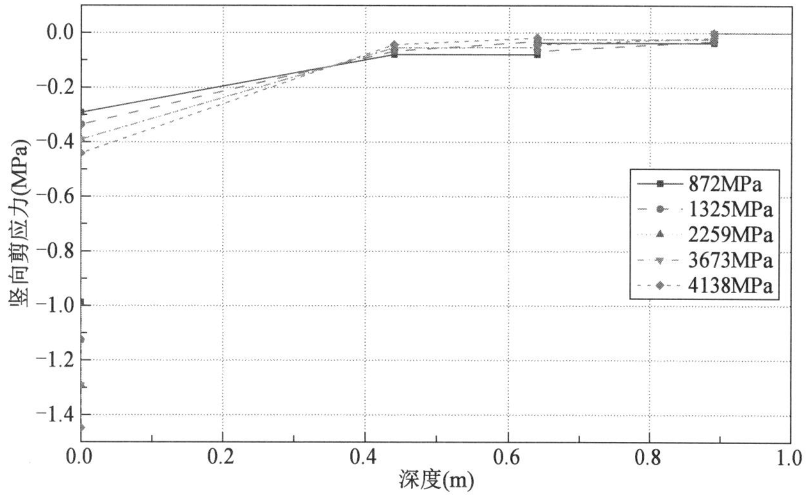

图 21-6　加铺层竖向剪应力随深度变化规律

机场道面水平方向的力学响应可用于评估道面结构的断裂特征。研究中分析了机场道面 EAC-13 结构层在水平方面的应力分布情况，EAC-13 结构层底横向拉应力分布见图 21-7，EAC-13 与 AC-16 层间水平剪应力分布见图 21-8。

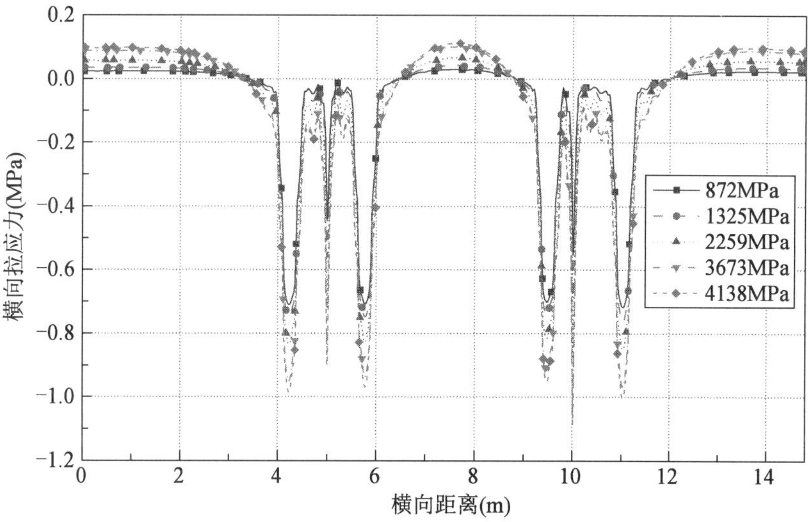

图 21-7　EAC-13 结构层底横向拉应力分布特征

由图 21-7 可知，位于飞机轮胎直接作用区的加铺层底部横向压应力最大，而轮胎之间与外侧的结构层底部受到横向拉应力作用，表明该区域为易开裂区域。随着固化时间的增加，环氧沥青混合料模量进一步提高，加铺层底部的横向拉/压应力也逐步增加。针对层间剪切状况，图 21-8 数据指出，飞机轮胎接地边缘外侧的层间剪应力达到极值，且环氧沥青混合料固化程度对层间剪应力的影响显著，尤其是对轮胎作用边缘外侧区域的影响较轮胎之间区域更为明显。

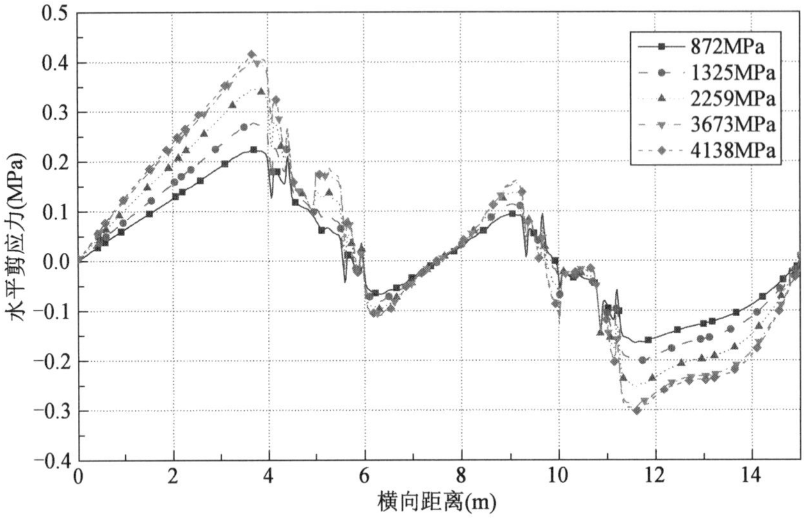

图 21-8　EAC-13 与 AC-16 层间水平剪应力分布特征

21.4 环氧沥青机场道面加速加载试验

冉武平等对半刚性基层道面和旧水泥混凝土道面加铺环氧沥青等四种道面结构采用 MLS66 加载系统进行了加速加载试验，研究了环氧沥青道面高温足尺加速加载动力响应和轮辙特性[7-8]，比较了环氧沥青混合料和 SMA 在加速加载中的轮辙演变特性。加速加载试验的道面结构见表 21-12。

加速加载试验道面结构　　表 21-12

半刚性基层道面结构				旧水泥混凝土道面结构			
试验道面结构 A		试验道面结构 B		试验道面结构 C		试验道面结构 D	
材料类型	厚度（cm）	材料类型	厚度（cm）	材料类型	厚度（cm）	材料类型	厚度（cm）
EAC-13 上面层	4	SMA-13 上面层	4	EAC-13 上面层	4	SMA-13 上面层	4
AC-20 中面层	6	AC-20 中面层	6	AC-20 下面层	6	AC-20 下面层	6
AC-25 下面层	8	AC-25 下面层	8	水泥混凝土道面	28	水泥混凝土道面	28
水泥稳定砂砾基层	20	水泥稳定砂砾基层	20				
水泥稳定砂砾基层	20	水泥稳定砂砾基层	20	水泥稳定砂砾基层	20	水泥稳定砂砾基层	20

试验方案是取胎压1.0MPa,MLS66加载系统轮架控制每小时施加6000次轴载,运行速度相当于21.6km/h。道面顶面的控制温度为60℃±1℃,半刚性基层道面中面层顶温度为54℃左右,下面层顶温度为49℃左右,复合道面下面层顶温度为55℃左右。测试环氧沥青面层以及沥青混合料下卧层的动力响应。三种混合料的级配见表21-13,实测的环氧沥青混合料的动态模量见表21-14。

加速加载试验混合料级配 表21-13

筛孔尺寸(mm)	通过质量百分数(%)			筛孔尺寸(mm)	通过质量百分数(%)		
	EAC-13	AC-20	AC-25		EAC-13	AC-20	AC-25
31.5	100.00	100.00	100.00	2.36	41.29	23.20	20.00
26.5	100.00	100.00	98.90	1.18	29.84	14.10	11.30
19	100.00	93.60	86.70	0.6	20.28	11.50	9.60
13.5	95.86	74.70	71.10	0.3	12.59	7.30	6.30
9.5	79.96	66.80	60.20	0.15	9.44	6.20	5.50
4.75	61.95	45.70	40.30	0.075	8.48	4.90	4.40

环氧沥青混合料动态模量试验结果(MPa) 表21-14

温度(℃)	测试频率(Hz)					
	25	10	5	1	0.5	0.1
-20	38665	38351	37866	37324	37141	36308
-10	18680	18024	17891	17316	17114	16740
5	11796	10635	10131	9377	9050	8155
20	9696	8147	7665	6213	5556	3897
35	6843	5080	3991	2250	1813	1098
50	3172	2152	1573	877	678	384

AC-20抗压回弹模量试验结果为1630MPa(15℃)、1320MPa(20℃),AC-25抗压回弹模量试验结果为1450MPa(15℃)、1155MPa(20℃)。半刚性基层道面加载次数为10万次,复合道面加载次数为20万次。在前10万次加载中,每隔10万次测量一次轮辙,加载10万次后,间隔2万次进行测量。

由于环氧沥青混合料的热固性,在60℃高温条件下,环氧沥青混合料道面仍具有较高的劲度模量和硬度,因而具有较好抑制下卧层隆起和应力扩散的能力,其抗轮辙性能显著优于SMA道面。在相同温度下,SMA道面的劲度模量相对较低,具有较好的塑性,因此在试验的早期阶段,在轮辙的隆起和凹陷变形过程中无裂缝出现。在重复荷载的进一步作用下,SMA 道面在加载中后期出现明显的剪切流动,其轮辙隆起和凹陷有明显的剪切流动过渡区,轮辙隆起变形横向分布较长,区域较大。环氧沥青混合料道面由于环氧沥青的热固性及强度较高,有效限制了轮辙隆起变形的扩散范围,且隆起和凹陷变形横向分布较短,两者之间没有剪切流动过渡区。

加速加载试验测试结果表明,半刚基层上的环氧沥青道面结构的受力特点是:①环氧沥青混合料面层表面承受拉压复合的应力状态,轮迹带下承压,轮迹带外侧承拉;②在加载初期,环氧沥青混合料面层底部是拉压交替的应力状态,随着加载历程的进行,层底应力状态由拉压交替进入完全受拉状态,并逐步增加至稳定值;③AC-20 中面层在加载初期为拉压交替状态,且拉应变显著高于压应变,在动载作用一段时间后,交替的拉压状态逐步进入受压状态。在高温状态下,AC-20 的模量较下层的水泥混凝土和上层的环氧沥青混合料的模量都明显低,该类道面结构是典型的"软弱中间层"结构。

环氧沥青道面轮辙发展的基本特点是:①环氧沥青混合料高温稳定性好,在高温条件下仍具有较好的扩散应力能力,在加载初期轮辙变形发展缓慢;②随着持续加载,下层 AC 产生剪切流动,结构变形加快,导致环氧沥青混合料面层轮辙变大,直到加载后期 AC 层变形趋稳,从而道面结构轮辙也基本稳定;③在加载后期,复合道面最大轮辙变形的发展速度明显缓于半刚性基层道面;④环氧沥青道面的轮辙在加载初期主要受中面层影响,在加载后期主要受下面层影响;⑤SMA 道面在加载中后期出现明显的剪切流动,其轮辙隆起变形横向分布明显比环氧沥青道面更长;⑥环氧沥青混合料道面具有较好的高温力学性能和高温稳定性,能有效抑制下卧层的隆起变形,环氧沥青道面抗轮辙性能明显优于 SMA 道面。

21.5 机场道面力学响应分析总结

基于对机场道面结构的计算分析和试验研究,关于在旧水泥混凝土道面上加铺沥青面层和半刚性基层沥青道面结构的相关技术要点归纳如下:

(1)旧水泥混凝土道面加铺沥青面层设计关键技术是防止反射裂缝、滑移裂缝和轮辙。高温条件下,加铺层材料的高温稳定性是防止滑移裂缝和轮辙的关键因素。

(2)加强旧水泥混凝土道面与沥青加铺层的黏结非常重要,大量计算分析、室内试验研究及工程实践均表明,复合道面结构破坏与不良的层间结合状态具有显著的关联性,层间接触状况直接决定加铺结构的使用耐久性和稳定性。

(3)旧水泥混凝土道面与沥青加铺层之间的黏结状态最需要关注的是高温条件下的黏结力和抗剪切强度。一些黏结材料在低温和常温条件下的黏结力和抗剪切强度尚可,但高温条件下黏结力和抗剪切能力基本丧失。判断黏结材料和黏结层是否合格必须以高温条件下的性能作为标准。已有经验表明,高温性能好的黏结层在常温条件下都能满足工程要求。

(4)黏结层的黏结强度高,即旧水泥混凝土道面板与沥青加铺层黏结好的复合道面结构会显著提高道面结构的整体性,减小加铺层的拉应力。但是,层间的剪应力会随黏结程度的提高而增加,因此,在增加黏结材料黏结强度的同时,对黏结层的抗剪切强度提出要求,特别是要保证黏结层在高温条件下的抗剪切强度。

(5)在对黏结材料的黏结强度和黏结层的抗剪切强度提出要求的同时,还需要对黏结材料和黏结层的变形能力提出要求,以满足水泥混凝土道面与加铺层结构在温度变化以及荷载的综合作用下有较好的变形协同性。

(6)胎压增大将导致结构层弯曲应变、剪应变和压应变不同程度增大,高胎压会加速道面结构层的疲劳开裂和轮辙发展,加速道面性能衰减。因此,随着大型飞机的增多,道面结构材料的选择应比传统材料提出更高的要求。

(7)与普遍采用的均布胎压荷载模式相比,高胎压不均匀接触应力模式增大了道面结构响应量。重载高胎压条件下,从减少轮辙和道面层开裂角度看,环氧沥青混合料较 SMA 具有更好的适用性。

(8)高胎压不均匀接触应力模式下,道面结构设计既要注意防止环氧沥青面层底部的弯拉疲劳开裂,又要防止中、下面层的塑性变形和剪切变形累积。不能因为上面层采用了工程性能好的环氧沥青混合料,而降低对中、下面层材料工程性能的要求。

(9)当沥青加铺层为两层或三层结构时,在重视提高旧水泥混凝土道面与沥青加铺层黏结强度的同时,也应重视各沥青加铺层之间的黏结,提高加铺层的整体性。有效的做法是在各加铺层之间洒布高温黏结性能好的环氧沥青黏结剂。

(10)为提高沥青加铺层结构抗轮辙的能力,应对各加铺层材料的动稳定度提出要求。加铺面层采用动稳定度非常优异的环氧沥青混合料,对提高中面层和下面层材料的动稳定度十分重要，尤其是对提高加铺层结构的长期抗轮辙能力很有必要。对于大型机场的沥青道面，建议轮辙动稳定度（60℃）大于或等于10000次/mm。

（11）在相同的加铺层结构条件下，上面层回弹模量变化对于各结构层承受的竖向压应力几乎没有影响，各结构层中竖向压应力沿深度方向的变化规律基本相同。

（12）模拟计算结果表明，不同加铺层结构沥青层底的横向拉压应力变化趋势基本相同，但是不同结构沥青层底的最大拉应力存在差别，将具备较高模量的环氧沥青结构层放在应力较大的结构层更为合理。

参考文献

[1] 翁兴中，焦明声．机场水泥混凝土道面沥青薄层盖被起飞段的应力分析[J]．公路，2002(10):17-20.

[2] 郝航程．机场跑道沥青混凝土加铺技术研究[D]．上海：同济大学，2008.

[3] 中国民航机场建设集团公司，东南大学．机场水泥混凝土道面加铺沥青层关键技术研究[R]，2015.

[4] ZHONGSHAN REN，HAN ZHANG，LEI ZHANG，et al. Considerations for the Overlay on Rigid Pavement of Runways[C]//The 9th International Conference on Road and Airfield Pavement Technology（第九届道路与机场铺面技术国际会议论文集），2015:1-15.

[5] 谌偲翔．机场道面沥青加铺层受力特性与裂缝修复研究[D]．南京：东南大学，2018.

[6] 凌建明，朱立国．高胎压下机场环氧沥青道面结构动力响应分析[J]．同济大学学报（自然科学版），2016，44(10):1538-1544.

[7] 冉武平，凌建明，赵鸿铎．环氧沥青道面高温足尺加速加载动力响应[J]．同济大学学报（自然科学版），2015，43(12):1823-1828，1840.

[8] 冉武平，凌建明，赵鸿铎．基于加速加载的环氧沥青混凝土道面轮辙特性[J]．建筑材料学报，2016，19(2):330-335.

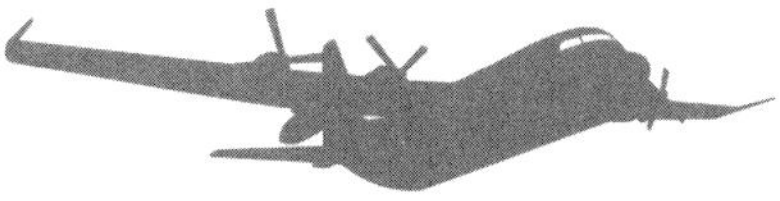

CHAPTER 22

第22章

机场道面环氧沥青混合料设计

22.1 环氧沥青混合料设计概述

环氧沥青混合料设计通常包含三部分主要内容：一是环氧沥青组分设计，根据工程特点及其技术要求选择合适的环氧沥青产品，或者根据工程需求选择合适含量的环氧体系，配制合适的固化体系；二是环氧沥青混合料级配组成设计；三是优化混合料的拌和养生温度，包括容留时间等与施工工艺有关的技术指标。机场环氧沥青组分设计应根据道面功能要求、施工条件、经济性等因素综合考虑决定。总之，环氧沥青混合料设计应综合考虑气候条件、航空交通量等级、结构功能要求、当地材料特点等因素，通过试验得到适用的配合比设计结果和相关的施工工艺。不停航施工的环氧沥青混合料设计的一个重要内容是要求未固化的环氧沥青混合料初始马歇尔强度能够满足即时通航的要求。东南大学科研团队结合相关工程应用对环氧沥青混合料设计做了系统的研究[1-4]。

关于环氧沥青组分设计，早期从美国和日本进口的环氧沥青通常为定型产品，应用单位并不能进行环氧沥青组分的调整和优化，而是直接应用原产品进行环氧沥青混合料组成设计。近二十年来，东南大学科研团队等对新型环氧沥青产品进行了深入研究，从沥青选择、固化剂调配、环氧体系含量、拌和及养生工艺等方面入手，可以调配出满足不同工程需求的环氧沥青产品。环氧沥青组成设计实质上是一个新产品研发的过程，工程应用时应优先选择能满足工程需求的、已定型的环氧沥青产品，因为定型的环氧沥青产品的性能、施工工艺等一系列技术问题已通过大量研究明确，便于工程应用。环氧沥青组分设计是十分复杂的系统工程，需要有较好的环氧沥青研究背景和丰富工程应用经验的专业人员才能完成。针对具体工程需求配制环氧沥青产品，可以更好地提升产品的适应性，降低成本。一些特殊工程，如高寒、高海拔、强紫外线、炎热高温地区的机场和道路，通常需要专门配制特殊类型的环氧沥青产品。

22.2 环氧沥青混合料级配与油石比

环氧沥青混合料配合比设计包括级配的设计和最佳油石比的确定。环氧沥青混合料级配设计原则上应采用悬浮密实型，因为大量试验研究和工程实践表明，悬浮密实型环氧沥青混合料固化后的各类强度指标（马歇尔稳定度、劈裂抗拉强度、弯曲强度、抗压强度、浸水马歇尔残留稳定度、冻融劈裂残留强度比等）都显著优于开级配的环氧沥青混合料。由于环氧沥青属于热固性材料，其高温稳定性非常好，显著优于改性 SMA-13 和改性 AC-13，且悬浮密实型环氧沥青混合料固化后不存在传统沥青为结合料的混合料动稳定度低、高温稳定性差、道面易产生轮辙的问题。《机场环氧沥青道面设计与施工技术规范》（MH/T 5041—2019）推荐的环氧沥青结合料的技术要求见表 22-1。

环氧沥青结合料（拉伸试验固化试件）技术要求 表 22-1

技术指标	技术要求	试验方法
拉伸强度（MPa）	≥1.0	GB/T 528—2009
断裂延伸率（%）	≥100	GB/T 528—2009

环氧沥青混合料的最佳沥青用量采用马歇尔试验确定，同时依据具体工程应用要求，综合考虑其抗疲劳性能、水稳定性、高温稳定性、低温抗裂性等路用性能。需要注意的是，由马歇尔试验确定最佳沥青用量时，原则上应采用固化的马歇尔值进行评价。环氧沥青混合料空隙率是混合料配合比设计的重要控制指标，密实型的环氧沥青混合料具有更好的抗疲劳性能和水稳定性。由于环氧沥青的热固性与传统的热熔性沥青不同，固化后的密实型环氧沥青混合料具有很好的抗轮辙性，即具有很好的高温稳定性。在桥面铺装设计中，通常要求环氧沥青混合料的空隙率小于3%。《机场环氧沥青道面设计与施工技术规范》（MH/T 5041—2019）给出了密级配环氧沥青混合料（EAC）和环氧沥青玛蹄脂碎石混合料（ESMA）的级配要求与环氧沥青含量的推荐范围，见表 22-2 ~ 表 22-4。规范给出的级配范围较宽，工程应用时应结合具体情况通过试验进行优化设计。

EAC 集料级配范围 表 22-2

筛孔（mm）	不同类型环氧沥青混合料集料通过率（%）			
	EAC-10	EAC-13	EAC-16	EAC-20
26.5	—	—	—	100
19	—	—	100	90 ~ 100
16	—	100	9 ~ 100	75 ~ 92
13.2	100 ~ 90	90 ~ 100	75 ~ 92	62 ~ 80
9.5	90 ~ 100	65 ~ 88	58 ~ 80	50 ~ 72

续上表

筛孔(mm)	不同类型环氧沥青混合料集料通过率(%)			
	EAC-10	EAC-13	EAC-16	EAC-20
4.75	55~85	35~68	34~63	26~58
2.36	38~70	24~53	20~50	16~46
1.18	26~55	15~41	13~37	12~34
0.6	17~40	10~30	9~28	8~27
0.3	10~32	7~22	7~21	5~20
0.15	6~23	5~16	5~15	4~14
0.075	4~14	4~8	4~8	3~8

ESMA 集料级配范围 表 22-3

筛孔(mm)	不同类型环氧沥青混合料集料通过率(%)				
	ESMA-10	掺纤维 ESMA-10	ESMA-13	掺纤维 ESMA-13	掺纤维 ESMA-16
19	—	—	—	—	100
16	—	—	100	100	90~100
13.2	100	100	90~100	90~100	60~85
9.5	90~100	90~100	55~80	45~75	40~65
4.75	35~55	22~60	30~40	20~34	20~32
2.36	25~70	18~32	20~30	15~27	15~27
1.18	16~55	14~26	16~26	14~24	14~22
0.6	14~40	12~22	14~22	12~20	12~19
0.3	12~20	10~18	12~20	10~16	10~16
0.15	10~16	9~16	10~16	9~15	9~14
0.075	7~11	8~13	7~12	8~12	8~12

环氧沥青含量 表 22-4

混合料类型	环氧沥青含量(%)	混合料类型	环氧沥青含量(%)
EAC-10	4.5~7.0	ESMA-10	5.0~7.0
EAC-13	4.3~6.5	ESMA-13	4.5~6.5
EAC-16	4.0~6.0	ESMA-16	4.0~6.0
EAC-20	3.5~5.5		

EAC 和 ESMA 的成型与技术要求见表 22-5。当机场道面承受较重轮载时,应酌情提高固化试件稳定度的要求,以便更好发挥环氧沥青材料的性能优势,提高

机场道面的强度和耐久性。

EAC 和 ESMA 的成型与技术要求(固化试件)　　表 22-5

检查项目	成型与技术要求		试验方法
	EAC	ESMA	
击实次数(双面)(次)	75	75	JTG E20—2011 T 0702
试件尺寸(mm)	ϕ101.6×63.5	ϕ101.6×63.5	JTG E20—2011 T 0702
稳定度(kN)	≥20	≥15	JTG E20—2011 T 0709
流值(0.1mm)	15～50	实测	JTG E20—2011 T 0709
空隙率(%)	1～5	3～5	JTG E20—2011 T 0705

22.3 环氧沥青黏度与混合料性能试验

环氧沥青混合料的高温性能采用轮辙试验评价,轮辙试验应符合《公路工程沥青及沥青混合料试验规程》(JTG E20—2011)中 T 0719 的规定。在温度为 60℃、胎压为 0.7MPa 的条件下,动稳定度应不小于 12000 次/mm(混合料固化试件)。当不符合此要求时,应对矿料级配或沥青用量进行调整。由于飞机的轮胎压力明显高于公路车辆的轮胎压力,理想的轮辙试验方法应较公路车辙试验增加试验的荷载压强,考虑到目前工程上通用的试验设备,《机场环氧沥青道面设计与施工技术规范》(MH/T 5041—2019)仍采用了《民用机场沥青道面设计规范》(MH/T 5010—2017)中的 60℃、0.7MPa 的试验标准。为满足机场环氧沥青道面的性能表征和使用要求,同时建议可采用 60℃、1.11MPa 或者 70℃、0.7MPa 的试验条件进行环氧沥青混合料的轮辙试验。《机场环氧沥青道面设计与施工技术规范》(MH/T 5041—2019)规定,采用小梁弯曲试验测定环氧沥青混合料的低温弯曲劲度模量和弯曲强度,其中,固化试件的极限弯曲应变不小于 2000$\mu\varepsilon$。此外,环氧沥青混合料的水稳定性应满足表 22-6 的要求。

环氧沥青混合料(固化试件)水稳定性技术要求　　表22-6

试验项目	技术要求	试验方法
浸水马歇尔残留稳定度(%)	≥85	JTG E20—2011 T 0709
冻融劈裂残留强度比(%)	≥80	JTG E20—2011 T 0709

需要指出的是,与传统的混合料设计不同,环氧沥青混合料进行配合比设计时,应对环氧沥青的容留时间进行试验分析,环氧沥青混合料的容留时间应满足混合料运输和施工的要求。容留时间的试验方法是,将环氧沥青的各组分分别加热至设定温度后充分混合均匀,开始黏度跟踪测试,试验开始阶段以5min间隔记录数据,当体系黏度增长较快时,逐渐缩短记录的时间间隔,直至达到规定的黏度后停止测试,将混合开始到黏度增长至最大值的时间作为容留时间。需要注意的是,规定的黏度随着不同环氧体系有所不同,如美国环氧体系与日本环氧体系分别将1Pa·s与3Pa·s作为黏度最大值。

22.4 环氧沥青玛𤥧脂碎石混合料(ESMA)

以上介绍的环氧沥青混合料设计总体上是以固化后环氧沥青混合料性能为目标。对于新建机场道面,通常有条件提供环氧沥青混合料形成固化强度需要的时间。然而,更多的情况是,机场沥青道面加铺或道面维修施工完成后要求道面结构尽快形成强度并具备通航的条件,甚至要求在不停航的情况下进行沥青道面的施工,完成整个施工过程到恢复通航常常只有夜间的数个小时,即在环氧沥青混合料未固化的状态下,道面要恢复通航使用。

随着大型飞机质量和轮胎压力的显著增加以及起落架次的快速增长,轮辙病害已成为机场道面沥青加铺层的主要病害之一。为解决轮辙病害,常用的做法是铣刨形成了过大轮辙的面层材料,然后加铺抗轮辙性能更好的面层材料,如常用的改性SMA。SMA属于骨架密实型结构,依靠集料之间的嵌挤作用和玛𤥧脂或高黏性的改性沥青提高抗轮辙性能。桂林两江国际机场和厦门高崎国际机场是我国较早应用SMA道面的机场。北京首都国际机场东侧跑道也采用了SMA,其他采用SMA道面的机场还有敦煌莫高国际机场、兰州中川国际机场、哈尔滨太平国际机场、天津滨海国际机场以及许多军用机场。目前,SMA常用胶结料为改性沥青,SMA 所用改性沥青应具备黏度高、针入度小、软化点高的特点。虽然 SMA 抗轮辙的性能优于密级配沥青混合料,但是由于沥青具有热塑性,随着大型飞机日益增多,胎压加大,起落架次迅速增长,加之中、下面层对轮辙的贡献,高温季节道面轮辙病害仍会快速发展,特别是在机场道面转弯区、掉头坪等区域,轮辙病害仍然非常严重。

加铺层选择具有热固性的环氧沥青混合料是解决道面轮辙的最有效途径。环氧沥青与其他沥青相比,具有更加优良的物理力学特性。环氧沥青混合料在拌和及养生过程中各组分发生化学反应,逐渐固化形成三维空间网状结构。环氧沥青混合料早期强度受固化时间与温度影响较大。固化反应初期,环氧沥青与集料的黏结力较弱,集料之间的内摩阻力是环氧沥青混合料强度的主要来源,随着固化反应的不断进行,环氧沥青黏度逐渐增大,黏附作用增强,环氧沥青混合料的强度逐步提高。目前钢桥面铺装常用的环氧沥青混合料大多采用不易离析的密实悬浮结构,固化后具有较高的抗轮辙性能及其他优异的力学性能。密级配的环氧沥青混合料未固化时强度较低,未固化密级配环氧沥青混合料的抗轮辙性能主要取决于混合料的级配设计,常常不能满足机场道面不停航施工的需要。

王正奇对适用于机场道面加铺层不停航施工的环氧沥青玛𤧛脂碎石混合料(ESMA)进行了系统研究[5]。通过调整 SBS 改性沥青掺量(即环氧体系的含量)、集料级配组成、油石比和掺加聚酯纤维等方法提高未固化 ESMA 的马歇尔稳定度。目标是 ESMA 在未固化时具有相对较高的马歇尔稳定度和动稳定度,能满足机场道面加铺层不停航施工的要求。同时,固化后的 ESMA 也应具有较高力学强度和较好的工程性能,能够满足机场交通量迅速增长的需要。

由于环氧沥青的黏度直接影响 ESMA 的拌和与压实效果,通常环氧体系的黏度较低,SBS 改性沥青的黏度较高,因此,SBS 改性沥青在环氧沥青中所占的比例对环氧沥青黏度影响很大。试验表明,在 170℃ 搅拌温度下,SBS 改性沥青掺量为 50%、60%、70% 和 80% 的环氧沥青对应的初始黏度分别为 76.68mPa·s、110.33mPa·s、172.87mPa·s、215.86mPa·s。因为 SBS 改性沥青黏度较大,所以随着 SBS 改性沥青掺量的增加,环氧沥青的初始黏度逐渐增大,初始的马歇尔稳定度提高。SBS 改性沥青掺量较多的环氧沥青的黏度随时间增长速度相对较慢。环氧沥青在 170℃ 搅拌 4h 条件下黏度均仍然远低于 3000mPa·s 黏度上限,可以满足较长施工容留时间的要求。选用的环氧沥青技术指标见表 22-7。ESMA-13

级配组成见表22-8，油石比为5.8%。试验结果表明，ESMA的性能满足《机场环氧沥青道面设计与施工技术规范》(MH/T 5041—2019)的要求。

环氧沥青技术指标(SBS改性沥青掺量70%，25℃)　　表22-7

技术指标	实测值	技术要求
抗拉强度(MPa)	1.70	≥1.5
断裂延伸率(%)	245	≥200
吸水率(7d)(%)	0.1	≤0.3
容留时间(min)	240	≥40

ESMA-13级配组成　　表22-8

筛孔(mm)	16	13.2	9.5	4.75	2.36	1.18	0.6	0.3	0.15	0.075
通过率(%)	100	95.0	60.0	32.0	25.6	21.0	17.7	15.2	13.3	12.0

SBS改性沥青掺量对ESMA-13空隙率影响的测试结果见表22-9。SBS改性沥青掺量由50%增加到80%，混合料空隙率由4.71%减小到3.41%。因此随着SBS改性沥青掺量的增加，混合料密实程度得到提高。但掺量由70%增加到80%的混合料空隙率差距相对较小。

SBS改性沥青掺量与ESMA-13空隙率的关系　　表22-9

SBS改性沥青掺量(%)	50	60	70	80
混合料空隙率(%)	4.71	4.45	3.71	3.41

SBS改性沥青掺量对ESMA未固化材料马歇尔稳定度影响的试验结果见表22-10。试验结果表明，在相同油石比条件下，随着SBS改性沥青掺量的增加，ESMA-13未固化时的稳定度增大，结合料100%为SBS改性沥青的混合料(不含环氧体系)马歇尔稳定度为11.56kN。固化后的稳定度随SBS改性沥青掺量的增加而降低(固化条件为60℃烘箱内养生2d)。未固化时，SBS改性沥青掺量较多的环氧沥青具有较高的黏度，因此相应的ESMA-13稳定度较高。固化后，环氧沥青形成空间三维网状结构，环氧树脂掺量多的环氧沥青提供较高的黏结力，相应的混合料具有较高的稳定度。SBS改性沥青掺量为50%的环氧沥青(初始黏度为76.6mPa·s)制备的混合料未固化稳定度最低，SBS改性沥青掺量为80%的环氧沥青(初始黏度为215.86mPa·s)制备的混合料固化后稳定度最低。因此从提高未固化稳定度角度考虑，宜酌情提高SBS改性沥青掺量；从保持环氧沥青混合料固化后稳定度高的优势考虑，不宜采用过高的SBS改性沥青掺量。由于马歇尔试

验并不能全面反映混合料的工程性能,因此还需进行其他性能试验,以便对 SBS 改性沥青的合理掺量进行全面评估和优化,同时兼顾环氧沥青材料的成本。

SBS 改性沥青掺量与 ESMA 马歇尔稳定度的关系 表 22-10

SBS 改性沥青掺量(%)	50	60	70	80	100
未固化马歇尔稳定度(kN)	6.1	7.5	8.1	10.1	11.56*
固化马歇尔稳定度(kN)	48.5	31.5	25.0	15.1	

注:* 不含环氧体系的混合料的马歇尔稳定度。

SBS 改性沥青掺量对 ESMA-13 高温性能的影响通过在 170℃条件下对混合料进行拌和与养生,成型轮辙试验板进行轮辙试验来评价。试验结果见表 22-11。试验表明,随着 SBS 改性沥青掺量由 50% 增加到 80%,ESMA-13 混合料未固化时的动稳定度逐渐增大,固化后的动稳定度先增大后降低。60% 掺量固化的动稳定度最高,达到 39000 次/mm。70% 掺量固化的动稳定度达到 20000 次/mm,未固化的动稳定度为 4000 次/mm。

SBS 改性沥青掺量与 ESMA 动稳定度的关系 表 22-11

SBS 改性沥青掺量(%)	50	60	70	80
固化动稳定度(次/mm)	24000	39000	20000	13000
未固化动稳定度(次/mm)	1000	2500	4000	4900

采用低温弯曲试验分析 SBS 改性沥青掺量对 ESMA-13 低温性能的影响。将不同 SBS 改性沥青掺量的环氧沥青作为胶结料制备车辙板,成型后置入 60℃烘箱养生 2d 制得固化试件,切割固化试件,获取尺寸为 250mm × 30mm × 35mm 的小梁,在 -10℃条件下进行混合料弯曲试验。试验结果见表 22-12。试验表明,在相同油石比条件下,随着 SBS 改性沥青在环氧沥青中掺量的增加,ESMA-13 的低温变形能力增强。当 SBS 改性沥青掺量为 50% 时,ESMA-13 的弯曲应变小于 2500με。随着 SBS 改性沥青在环氧沥青中的掺量由 50% 提高至 80%,弯曲劲度模量呈现减小的趋势。混合料破坏时弯曲应变由 2222με 增加到 2889με,提高了 30.02%。

SBS 改性沥青掺量与 ESMA 弯曲性能的关系(-10℃) 表 22-12

SBS 改性沥青掺量(%)	50	60	70	80
弯曲强度(MPa)	16.75	16.65	15.63	14.49
弯曲应变(με)	2222	2500	2778	2889
弯曲劲度模量(MPa)	6520	6252	5994	5797

综合上述试验分析结论并考虑材料的成本,推荐SBS改性沥青掺量为70%。

22.5 拌和及养生温度影响

拌和及养生温度是环氧沥青混合料设计的重要内容,对固化进程和混合料的各项性能有重大影响。采用SBS改性沥青掺量为70%的环氧沥青结合料制备ESMA-13,拌和及养生温度取150℃、160℃、170℃和180℃,双面击实75次成型马歇尔试件,测定混合料的空隙率。试验结果见表22-13与图22-1。

拌和及养生温度与ESMA空隙率的关系 表22-13

拌和及养生温度(℃)	150	160	170	180
混合料空隙率(%)	5.52	4.87	3.71	3.61

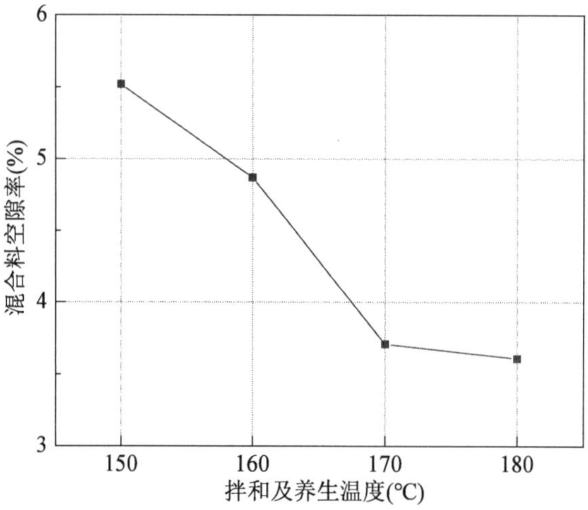

图22-1 ESMA空隙率变化趋势

可见随着拌和与养生温度的提高,空隙率逐渐降低,但温度超过170℃后影响并不显著。根据试验结果,较高的拌和及养生温度有利于提高压实度,降低空隙率。将制备的马歇尔试件在室内放置24h,获得未固化试件,放入60℃恒温烘箱2d,获得固化试件。分别测试未固化试件和固化试件的马歇尔稳定度,试验结果见表22-14与图22-2。

拌和及养生温度与ESMA马歇尔稳定度的关系 表22-14

拌和及养生温度(℃)	150	160	170	180
固化马歇尔稳定度(kN)	20.0	26.2	25.0	23.0
未固化马歇尔稳定度(kN)	7.0	7.2	8.0	7.4

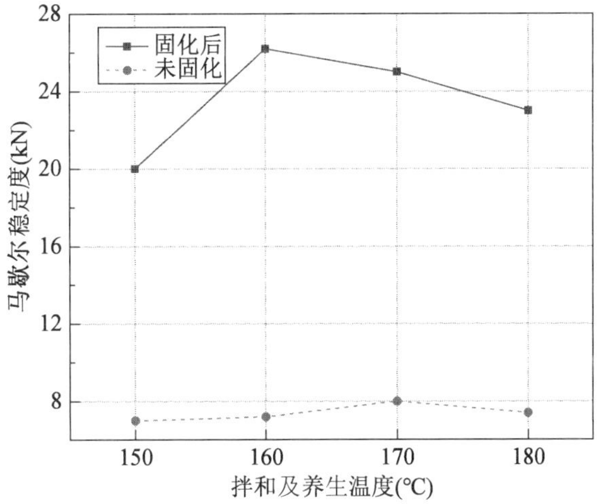

图 22-2　ESMA 马歇尔稳定度变化趋势

由试验数据可见，随着温度的增加，稳定度呈现先增加后降低的变化趋势。对于未固化试件，170℃对应的稳定度最大；而对于固化试件，其稳定度在160℃条件下达到最大值。

拌和及养生温度与混合料低温弯曲性能的相关试验结果见表22-15与图22-3。

拌和及养生温度与 ESMA 弯曲性能的关系(－10℃)　　表 22-15

拌和及养生温度(℃)	150	160	170	180
弯曲强度(MPa)	15.73	16.17	16.65	16.67
弯曲应变(με)	2578	2678	2784	2834
弯曲劲度模量(MPa)	6102	6037	5994	5885

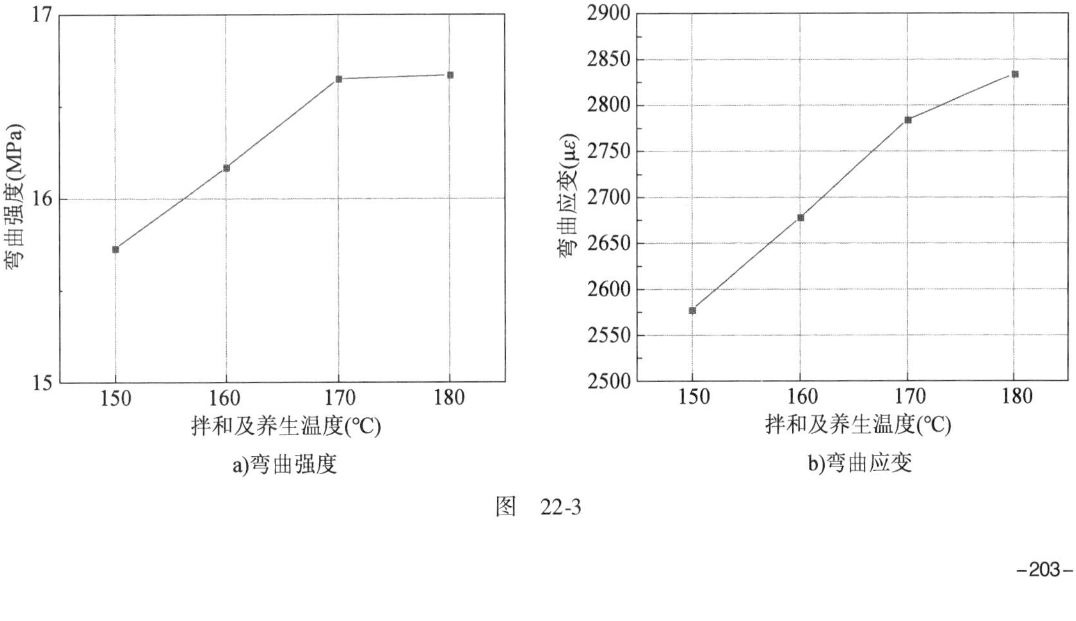

a)弯曲强度　　b)弯曲应变

图　22-3

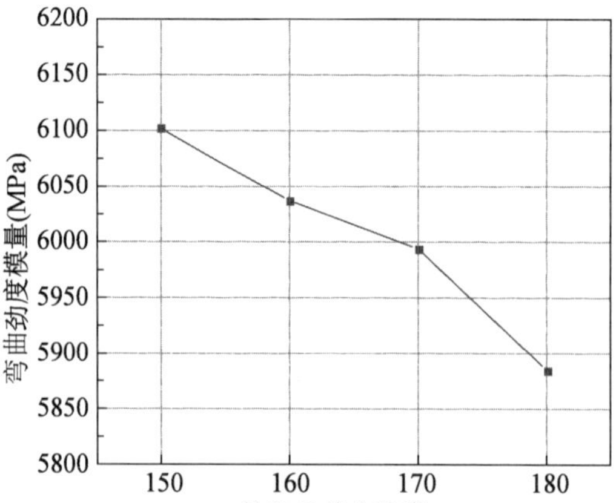

c)弯曲劲度模量

图 22-3　ESMA 弯曲性能变化趋势

由上述数据可见，随着温度的不断提高，弯曲强度与弯曲应变逐渐增大，而弯曲劲度模量逐渐减小。针对弯曲强度而言，170℃与 180℃条件下影响较小，因此综合分析相关试验结果，并考虑节能和减少碳排放要求，选择 170℃作为拌和及养生温度比较合适。

22.6 外掺纤维影响

表 22-16 是对三种不同级配(按粗集料占比多少，分为粗、中、细三种)有纤维(聚酯纤维)ESMA-13 及无纤维 ESMA-13 的路用性能进行对比试验的结果，同时进行了 EAC-13 的性能对比试验。其中，马歇尔稳定度是按最佳油石比制备的试件测得，EAC-13 的配合比取自《机场环氧沥青道面设计与施工技术规范》(MH/T 5041—2019)中 AC-13 级配范围的中值。

不同类型环氧沥青混合料性能　　表 22-16

测试项目	EAC-13	ESMA(粗)		ESMA(中)		ESMA(细)	
		有纤维	无纤维	有纤维	无纤维	有纤维	无纤维
未固化马歇尔稳定度(kN)	10.36	6.41	8.63	8.09	7.54	8.68	9.05
固化马歇尔稳定度(kN)	24.20	19.93	24.03	22.12	21.82	22.96	23.82
未固化动稳定度(次/mm)	2528	2802	3438	3805	2892	4144	2715
固化动稳定度(次/mm)	10026	11886	19090	17027	16153	22500	13125
残留稳定度 MSR(%)	85.80	90.27	94.63	90.91	95.65	93.03	97.80

续上表

测试项目	EAC-13	ESMA(粗)		ESMA(中)		ESMA(细)	
		有纤维	无纤维	有纤维	无纤维	有纤维	无纤维
残留强度比 TSR(%)	84.61	87.6	92.43	88.48	93.33	91.32	95.65
弯曲应变(με)	2480	3098	2778	2658	2538	2548	2653

试验结果表明,无纤维 ESMA-13 的未固化稳定度大多高于掺加纤维的 ESMA-13。ESMA-13 未固化和固化后的强度都稍低于 EAC-13,但是,ESMA-13 未固化和固化后的动稳定度都显著高于 EAC-13。掺加纤维的 ESMA-13 的动稳定度大多大于无纤维 ESMA-13。无纤维 ESMA-13 的动稳定度大于 EAC-13。固化后的 ESMA-13 动稳定度均满足机场道面规范的要求。浸水马歇尔试验结果表明,MSR 值大小关系为:EAC-13 < 有纤维 ESMA-13 < 无纤维 ESMA-13。无纤维 ESMA-13 水稳定性优于有纤维 ESMA-13。无纤维 ESMA-13 的 TSR 值均大于有纤维 ESMA-13。ESMA-13 的低温性能均能满足规范要求。无纤维 ESMA-13 的抗水损害性能优于有纤维 ESMA-13。无纤维 ESMA-13 在形成集料骨架结构、提高未固化材料稳定度的同时,又由于胶结料与细集料含量的增加,提高了固化稳定度等性能。此外,无纤维 ESMA-13 的最佳油石比小于掺加纤维的 ESMA-13,成本相对较低。因此,综合分析相关试验结果,工程应用时可以优先选择无纤维 ESMA-13。

22.7 环氧沥青混合料设计密度影响

设计密度是贝雷法级配设计理论中的一个关键指标,设计密度可以衡量混合料中粗集料在理论上可以达到的嵌挤程度。当粗集料的设计密度小于粗集料的松装密度时,粗颗粒悬浮于细颗粒、填料与胶结料构成的砂浆中,混合料未能构成嵌挤的骨架结构,混合料的性能主要依靠砂浆的胶结性能。设计密度大于松装密度时,粗集料之间形成骨架结构,细集料颗粒、填料与胶结料构成的砂浆填充于骨架的空隙中,混合料的强度由骨架结构与砂浆强度共同形成。孙磊以贝雷法级配设计理论为基础,采用设计密度对不停航施工条件下机场道面环氧沥青混合料的性能进行了研究[6]。通过改变设计密度(105%、100%、95%、90%、85%、80%)获得六条级配曲线,见表 22-17。

不同设计密度下 **EAC-13** 各筛孔尺寸的通过百分率　　表 22-17

设计密度(%)	各筛孔尺寸(mm)的通过百分率(%)										
	16	13.2	9.5	6.6	4.75	2.36	1.18	0.6	0.3	0.15	0.075
105	100	92.7	75.7	60.9	51.5	30.7	22.3	16.3	11.7	8.4	6.0
100	100	93.0	76.7	62.4	53.3	33.3	24.0	17.4	12.4	8.7	6.0
95	100	93.3	77.6	63.9	55.2	36.0	25.8	18.5	13.0	8.9	6.0
90	100	93.6	78.5	65.4	57.1	38.7	27.6	19.6	13.6	9.2	6.0
85	100	93.9	79.5	67.0	59.0	41.5	29.4	20.8	14.3	9.5	6.0
80	100	94.2	80.5	68.6	61.0	44.3	31.3	22.0	14.9	9.8	6.0

当设计密度为105%、100%和95%时，环氧沥青混合料形成松排骨架结构，不同设计密度的环氧沥青混合料初始马歇尔稳定度和初始动稳定度（未固化混合料）试验结果见表22-18。60℃恒温条件下养生4d的环氧沥青混合料材料性能试验结果见表22-19。其中，小梁尺寸为250mm×30mm×35mm，测试温度为-10℃，加载速率为50mm/min。环氧沥青混合料在自然条件下的固化进程是一项重要的性能指标。表22-20是不同设计密度环氧沥青混合料在自然条件下（环境温度25~30℃）固化进程中马歇尔稳定度增长的试验结果。试验结果表明，环氧沥青混合料在常温条件下马歇尔稳定度增长较快，常温固化7d的稳定度基本可以到达60℃养生4d固化强度的90%。自然条件下，较快固化进程对于机场道面不停航加铺环氧沥青道面有益。分析不同设计密度下初始马歇尔稳定度和固化后的马歇尔稳定度可以发现，具有悬浮密实结构的混合料的强度增长幅度要大于松排骨架结构的强度增长幅度。即随着固化时间的增加，设计密度较低的悬浮密实结构混合料的马歇尔稳定度将超过设计密度较高、具有骨架结构的混合料的马歇尔稳定度。综合分析各类试验结果可知，设计密度为105%、100%和95%时，环氧沥青混合料形成松排骨架结构；设计密度为90%、85%和80%时，环氧沥青混合料形成悬浮密实结构。具备松排骨架结构的环氧沥青混合料初始（未固化）马歇尔稳定度与初始（未固化）动稳定度优于具备悬浮密实结构的环氧沥青混合料，具备悬浮密实结构的环氧沥青混合料固化后的路用性能指标优于具备松排骨架结构的环氧沥青混合料。在适当的级配条件下，环氧沥青混合料的未固化性能与固化后的性能均可满足不停航施工条件下通航的标准。

不同设计密度未固化环氧沥青混合料试验结果　　表22-18

设计密度(%)	油石比(%)	空隙率(%)	矿料间隙率(%)	沥青饱和度(%)	密度(g/cm^3)	初始马歇尔稳定度(kN)	流值(0.1mm)	初始动稳定度(次/mm)
105	5.14	4.9	16.3	69.8	2.547	8.53	26.8	2358
100	5.21	4.8	16.2	70.3	2.548	9.77	32.5	2515
95	5.34	4.5	16.2	72.4	2.553	10.12	31.2	2408
90	5.41	4.4	16.4	73.1	2.567	9.75	30.8	2259
85	5.51	3.9	16.3	75.9	2.565	9.42	28.2	2008
80	5.56	3.8	17.0	77.6	2.573	8.67	23.5	1825

固化环氧沥青混合料材料性能试验结果　　表22-19

设计密度(%)	动稳定度(次/mm)	弯曲强度(MPa)	弯曲应变(με)	弯曲劲度模量(MPa)	马歇尔稳定度(kN)		浸水残留马歇尔稳定度(%)
					浸水30min	浸水48h	
105	26391	9.35	2667	3505	36.5	29.8	83.9
100	26453	9.50	2305	4120	36.8	32.1	87.2
95	27315	9.53	2103	4530	38.5	34.2	88.8
90	27386	9.73	2096	4641	40.3	36.5	90.6
85	28636	9.63	2243	4289	40.8	37.5	91.9
80	30315	9.54	2602	3665	43.9	39.1	89.1

不同设计密度环氧沥青混合料自然固化进程中马歇尔稳定度试验结果

表22-20

设计密度(%)	马歇尔稳定度(kN)			
	1d	3d	5d	7d
105	8.53	10.18	20.28	33.27
100	9.77	11.56	19.98	34.05
95	10.12	13.28	21.65	36.61
90	9.75	12.29	22.25	37.75
85	9.42	12.53	21.83	37.89
80	8.67	11.73	20.96	39.52

22.8 环氧沥青混合料设计实践

郭荣昌等依托西安咸阳国际机场北飞行区道面改造与新建滑行道工程,对环氧沥青混合料道面铺装进行了研究,提出了环氧沥青混合料的配合比设计方案,并进行了试验段铺筑[7]。上面层采用 EAC-13,中面层采用 EAC-20,上、中面层的环氧体系含量均为 25%。王建南、刘银辉以苏南硕放国际机场加铺环氧沥青面层施工为依托,结合环氧沥青材料特点与不停航施工特点,对环氧沥青混合料的配合比设计与铺装施工工艺进行了研究[8]。加铺结构为先对原有道面进行铣刨,然后洒布环氧沥青黏结层,并加铺 6cm 无纤维 ESMA-13。基质沥青为 SBS 改性沥青,集料为玄武岩,混合料采用《机场环氧沥青道面设计与施工技术规范》(MH/T 5041—2019)推荐的级配,环氧沥青为东南大学科研团队专项开发的机场道面用环氧沥青。

基于大量试验研究和工程实践,借鉴《机场环氧沥青道面设计与施工技术规范》(MH/T 5041—2019)和《民用机场沥青道面设计规范》(MH/T 5010—2017)的相关规定,提出机场道面用环氧沥青和环氧沥青混合料的技术要求的建议,见表 22-21 和表 22-22。

机场道面用环氧沥青技术要求 表 22-21

技术指标	技术要求	说明
抗拉强度(25℃)(MPa)	≥1.5	
断裂延伸率(25℃)(%)	≥200	
吸水率(25℃,7d)(%)	≤0.3	
容留时间(min)	≥40	不停航施工≥300

机场道面用环氧沥青混合料技术要求 表 22-22

技术指标		技术要求
马歇尔稳定度(kN)	未固化试件	≥9.0(茅迪集料)
	固化试件	上面层≥25,中面层≥20
动稳定度(次/mm)	未固化试件	≥2000
	重交通夏炎热区上面层	≥12000
	夏热区上、中面层	≥10000

续上表

技术指标		技术要求
低温极限弯曲应变(με)	冬严寒区、冬寒区	≥3000(规范)
	冬寒区、冬温区	≥2500
浸水马歇尔残留稳定度(%)		≥85
冻融劈裂残留强度比(%)		≥80(85)

22.9 环氧沥青混合料设计总结

关于环氧沥青混合料设计方法和原则说明如下：

(1)环氧沥青混合料设计可以采用传统沥青混合料设计方法，如集料性能试验与评价、最佳油石比的确定、混合料性能试验与评价等。环氧沥青性能的特殊性导致环氧沥青混合料的性能在许多方面与传统的沥青混合料有显著差异，因此需要在结合料和混合料设计时进行专门的试验和设计。

(2)采用美国和日本进口环氧沥青产品时，一般只需要对环氧沥青是否满足产品的技术要求进行检测，无须也不可能对产品的组分配比进行调整和优化。国产环氧沥青为了能更好地满足工程的具体要求，可以对环氧沥青的组分配比进行试验研究，酌情进行调整和优化。如针对低温地区的工程，可以把低温性能调整得更好，使低温变形能力更好；针对高温地区，应提高抗轮辙和抗剪切变形的能力。因此，在机场道面环氧沥青混合料设计时，常常需要对环氧沥青进行试验分析，并对相关组分进行优化调整。

(3)大量研究和工程实践表明，环氧沥青混合料宜采用悬浮密实结构，空隙率宜小于3%，否则会显著影响材料的工程性能，较大的空隙率会显著降低混合料的水稳定性和抗冻融劈裂性能。尽管大空隙率的环氧沥青混合料的性能仍优于空隙率相当的其他类型的混合料，但影响了环氧沥青混合料优势的发挥。

(4)环氧沥青混合料设计通常以固化后的性能为目标，不停航加铺道面通常要求环氧沥青未固化的强度指标满足一定的要求。通过提高胶结料的黏度、增加集料的嵌挤作用、酌情减少环氧体系的掺量，可以提高未固化的环氧沥青混合料的初始马歇尔稳定度，达到不停航施工的要求。在追求未固化混合料强度时，应尽可能减少对固化混合料性能带来的负面影响。最有效和经济的方法是对机场的航班进行短期调整,以保障施工安全和施工时间。环氧沥青混合料经过数天的自然养生就可以达到通航要求,这也是欧美国家在加铺道面管理中通用的做法。

(5)不同类型环氧沥青混合料的设计及其性能有很大差异,其他类型混合料的设计经验和规律只能参考,不能简单套用。特别是不同类型的固化剂、各类添加剂会带来环氧沥青混合料固化进程的显著差异。因此,在进行环氧沥青混合料设计时,首先应明确环氧沥青产品的类型和基本性能,在稳定环氧沥青产品性能的基础上,开展针对性明确的环氧沥青混合料试验与设计。

(6)环氧沥青混合料的拌和及养生温度是十分重要的指标,它既直接影响环氧沥青混合料的固化进程和固化后混合料的性能,又直接影响施工工艺和工程质量,应通过试验研究找到最优的拌和及养生温度。

(7)环氧沥青混合料设计与混合料的运输、摊铺和碾压等施工工艺密切相关。因此,混合料的试验和设计过程也是混合料施工工艺的研究过程。

参 考 文 献

[1] 黄卫.大跨径桥梁钢桥面铺装设计理论与方法[M].北京:中国建筑工业出版社,2006.

[2] 钱振东,黄卫.环氧沥青与沥青混合料[M].北京:科学出版社,2019.

[3] 中国民用航空局.机场环氧沥青道面设计与施工技术规范:MH/T 5041—2019[S].北京:中国民航出版社,2019.

[4] 黄卫.钢桥面铺装[M].北京:人民交通出版社,2006.

[5] 王正奇.机场道面加铺层环氧沥青玛蹄脂碎石混合料性能研究[D].南京:东南大学,2020.

[6] 孙磊.不停航施工条件下机场道面环氧沥青混合料的性能研究[D].南京:东南大学,2019.

[7] 郭荣昌,王春,张玲燕,等.机场道面环氧沥青混合料加铺施工技术[J].筑路机械与施工机械化,2018,35(3):92-98.

[8] 王建南,刘银辉.机场环氧沥青道面性能研究及工程应用[J].民航学报,2021,5(4):50-53,35.

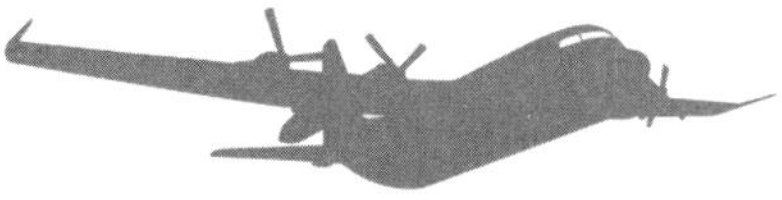

CHAPTER 23

第23章

环氧沥青道面结构组合设计原则与典型结构

23.1 设计原则

鉴于环氧沥青混合料优异的力学性能和良好的抗油污、抗滑、抗冰冻等综合性能,环氧沥青道面的设计年限可以由常规沥青道面的20年提高到30年。为保证环氧沥青道面在设计年限内具备良好的使用性能,应综合考虑包括上面层、中面层、下面层、上基层、下基层等道面结构组合设计。环氧沥青机场道面设计主要针对轮辙和疲劳开裂两类损坏模式,根据基层类型,依据规范的规定,按表4-1分别验算机场道面的力学设计指标[1]。

关于环氧沥青机场道面结构组合设计的原则建议如下:

(1)环氧沥青混合料适合用于道面的上面层。鉴于环氧沥青混合料优异的力学性能以及抗油污、抗冰冻和良好的抗滑性能,特别是环氧沥青混合料扩散荷载、抑制中下面层变形和抗轮辙性能明显优于SMA道面,结构组合设计时应优先选择环氧沥青混合料用于上面层。

(2)环氧沥青混合料上面层应保证基本厚度。虽然环氧沥青道面上面层具有较强的抵抗轮辙和疲劳破坏的能力,荷载的力学响应上也不需要太厚的上面层,但是从结构组合设计考虑,当环氧沥青混合料面层和其他沥青混合料(如SMA、AC等)形式组合结构时,由于SMA或AC中面层和底面层在高温环境和重复轮载作用下容易形成剪切变形和累积变形,要求环氧沥青混合料上面层具有较好的扩散荷载、抑制中面层和下面层变形、限制下卧层材料隆起变形的能力,所以承受重载和高胎压的大型机场应酌情增加环氧沥青道面上面层的厚度。这对于提高机场道面的耐久性、显著延长机场道面的寿命具有重要作用。借鉴环氧沥青混合料大跨径桥梁钢桥面铺装二十年的实践经验,建议航空交通量等级为轻时环氧沥青混合料上面层厚度不小于4cm,交通量等级为中时不小于5cm,交通量等级为重时不小于6cm。

(3)环氧沥青混合料同时用于道面的上面层和中面层,结构组合更佳。当环氧沥青道面采用三层或双层环氧沥青混合料结构,或者环氧沥青混合料组合结构层达到一定厚度(如大于10cm)时,这类道面结构抗轮辙、抗疲劳的能力将大幅提高,可以有效防止中、下面层剪切变形带来的一系列常见病害。道面的使用寿命会大幅延长，日常维护成本会大幅降低。

(4)合理结构组合的环氧沥青混合料适用于水泥混凝土道面的加铺层。在水泥混凝土道面上加铺沥青道面时，加铺层主要处于承压和接缝处受剪应力状态，因此，应重视加铺材料抗轮辙和抗剪切的能力。环氧沥青混合料动稳定度高，抗剪切能力强，较其他材料更适用于水泥混凝土道面的加铺层，应重视做好环氧沥青加铺层结构组合设计。

(5)必须重视提高道面结构层间黏结功能。在水泥混凝土道面上加铺沥青道面以及沥青类道面各结构层之间采用环氧沥青黏结料时，可以显著增加道面结构的整体性，显著提高道面结构的抗轮辙和抗疲劳破坏的能力。黏结层材料应优先采用高温黏结性好、抗剪切强度高的热固性环氧沥青黏结材料。

(6)重视环氧沥青混合料下卧层材料设计。当SMA或改性AC用于环氧沥青混合料上面层的下卧层时(即中面层或下面层)，导致道面轮辙和疲劳破坏的主要因素是下卧层材料的剪切变形和累积变形。因此，下卧层的混合料组成设计应重视抗剪切变形和抗过大累积变形的能力的设计。

(7)重视原沥青道面的评估与处理。在原沥青道面上加铺环氧沥青道面时，应对原沥青道面抗剪切变形能力和累积变形进行测试和评估，并酌情予以处理。对原沥青道面进行必要的处理，对于改善加铺结构的受力状态，避免加铺结构的破坏具有“事半功倍”的作用。

(8)重视原水泥混凝土道面的评估与处理。在水泥混凝土道面上加铺环氧沥青道面时，应对水泥混凝土道面的使用状况进行评估和必要的处理。接缝是旧水泥混凝土道面最薄弱处，如存在板下脱空必须在加铺前处理好。对接缝进行处治，一是防止接缝处板与板之间过大的差异竖向变形造成加铺层的裂缝，二是防止水泥混凝土板的温度变形在接缝处造成过大的拉应力而导致加铺道面的开裂。

(9)合理使用环氧体系含量。由于环氧沥青的成本高，为降低道面结构的造价，当采用双层或三层环氧沥青混合料结构时，中面层或下面层环氧沥青中的环氧体系含量可较上面层逐步递减，环氧沥青混合料的油石比也可以逐步减小，这样可以显著降低造价，同时又具有良好的结构性能和使用寿命。

(10)环氧沥青混合料适用于抗滑抗磨耗层。当原有的沥青道面结构性能较好时,为提升道面抗磨耗和抗滑、抗油腐蚀等性能,采用专门设计的薄层环氧沥青混合料也有很好的效果。

(11)高度重视各结构层之间的黏结,特别是通过环氧沥青黏结层将加铺层与原道面结构紧密黏结在一起,使得各道面结构层形成整体,这对于改善道面结构的受力状态十分有益,可以显著延长道面的使用寿命。

23.2 典型结构

根据相关研究成果,推荐的环氧沥青混合料道面铺装结构分别见表23-1、表23-2和表23-3。其中,极限弯曲应变通过低温小梁弯曲试验获得,试验按照《公路工程沥青及沥青混合料试验工程》(JTG E20—2011)中"沥青混合料弯曲试验"(T 0715—2011)规定的方法进行。试验温度为-10℃,加载速率为50mm/min。小梁为尺寸250mm×30mm×35mm的棱柱体,试验跨径为200mm。表中的极限弯曲应变要求冬严寒区和冬寒区为3000με。环氧沥青混合料面层以外各结构层的技术要求应符合《民用机场沥青道面设计规范》(MH/T 5010—2017)的规定[2]。

加铺单层环氧沥青混合料道面推荐结构　　表23-1

航空交通量等级	加铺厚度(cm)	技术要求		
		马歇尔稳定度(kN)	动稳定度(次/mm)	极限弯曲应变(με)
原沥青混合料道面结构				
轻	≥4	≥20	≥12000	2500
中	≥5	≥20	≥12000	2500
重	≥6	≥30	≥20000	2500~3000
原水泥混凝土道面结构				
轻	≥5	≥20	≥12000	2500
中	≥6	≥25	≥12000	2500

加铺双层环氧沥青混合料道面推荐结构　　表23-2

航空交通量等级	层　位	技 术 要 求			
		厚度(cm)	马歇尔稳定度(kN)	动稳定度(次/mm)	极限弯曲应变(με)
原沥青混合料道面结构					
中	上面层	≥4	≥20	≥15000	2500
	中面层	≥5	≥15	≥15000	2500
重	上面层	≥6	≥30	≥20000	2500~3000
	中面层	≥6	≥20	≥20000	2500~3000
原水泥混凝土道面结构					
中	上面层	≥4	≥20	≥15000	2500
	中面层	≥6	≥15	≥15000	2500
重	上面层	≥4	≥30	≥20000	2500~3000
	中面层	≥4	≥20	≥20000	2500~3000
	下面层	≥7	≥15	≥15000	2500

加铺三层环氧沥青混合料道面推荐结构　　表23-3

航空交通量等级	层　位	技 术 要 求			
		厚度(cm)	马歇尔稳定度(kN)	动稳定度(次/mm)	极限弯曲应变(με)
原沥青混合料道面结构					
重	上面层	≥4	≥30	≥20000	2500~3000
	中面层	≥4	≥20	≥20000	2500~3000
	下面层	≥7	≥15	≥15000	2500
原水泥混凝土道面结构					
重	上面层	≥4	≥30	≥20000	2500~3000
	中面层	≥4	≥20	≥20000	2500~3000
	下面层	≥7	≥15	≥15000	2500

参 考 文 献

[1] 中国民用航空局. 机场环氧沥青道面设计与施工技术规范:MH/T 5041—2019[S]. 北京:中国民航出版社,2019.

[2] 中国民用航空局. 民用机场沥青道面设计规范:MH/T 5010—2017[S]. 北京:中国民航出版社,2017.

索　　引